Margit und Evi Bürner

Berner Sennenhund

Auswahl, Haltung,
Erziehung, Beschäftigung

KOSMOS

Inhalt

So sind Berner Sennenhunde

Berner Sennenhunde gehören zu den beliebtesten Rassehunde. Ihr Wesen und ihre Bedürfnisse sind geprägt von ihrer ursprünglichen Verwendung: In der Schweiz zogen die Bauernhunde Milchkarren, hüteten das Vieh und bewachten Haus und Hof. Heute sind die attraktiven Berner Familienhunde.

Aussehen und Wesen

Der Berner ist ursprünglich, treu, freiheitsliebend und bodenständig wie die Menschen seiner Heimat. Ein Hund mit Seele.

Wir sehen einen harmonisch gebauten, muskulösen, übermittelgroßen Hund vor uns. Die Decke seines Haarkleides ist immer schwarzglänzend und glatt bis leicht gewellt. Weiß leuchtet die Brust, das sogenannte Schweizer Kreuz. Die braunen Abzeichen kennzeichnen den Berner im Gesicht, über den Augen und an den Beinen. Weiße Pfoten und die weiße Schwanzspitze sind im Standard erwünscht. Die weiße Blässe im Gesicht gibt ihm ein freundliches Aussehen. Ein Hund ohne Übertreibungen, ursprünglich und kraftvoll, überzeugt er durch natürliche Ausstrahlung. All das sind Merkmale, die die Harmonie und die Schönheit unserer Hunde unterstreichen. Das Wesen und seine Seele aber erkennen wir in seinem freundlichen Blick und in der Farbe seiner braunen, warmherzigen Augen.

Ein Berner zeigt kraftvoll seine Lebensfreude.

Ein typvoller Berner-Rüde, hier aufmerksam und wachsam

Unsere Berner strahlen Freundlichkeit aus und zeigen eine liebevolle Bindung an ihre Menschen. Wegen seiner Anhänglichkeit, Gutmütigkeit und seines freundlichen Wesens wurde der Berner zum idealen Familienhund. Dabei ist er ein verlässlicher Begleiter und Beschützer. Er ist wachsam und furchtlos in Alltagssituationen. Aufmerksam und sicher, zeigt er gute Führigkeit. Ein Berner lässt seine Stimme nur hören, wenn es nötig ist. Berner Sennenhunde sind absolut untauglich für die Zwingerhaltung. Damit ist durchaus auch „moderne" Zwingerhaltung innerhalb des Hauses oder der Wohnung gemeint. Denn ein Berner Sennenhund benötigt den Umgang mit Menschen und Artgenossen. Der schönste Garten, mit Zugang zu eigenen Räumen, meist im Keller gelegen, wo die Menschen sich nur kurzzeitig aufhalten, ersetzt einem Berner nicht seine Familie. Das tollste Hundehaus, in dem der Berner alleine lebt, isoliert ihn.

Unsere Berner fordern ihre Menschen. Sie verlangen Zuwendung und die Liebe ihres gesamten Menschenrudels. Am wohlsten fühlen sie sich in einer Familie, in der sie ihrer ursprünglichen Aufgabe seit Urzeiten genügen

können: Sie „hüten" ihr Menschenrudel und fühlen sich am wohlsten mitten unter ihnen. All diese hervorragenden Eigenschaften fördern die anerkannten Züchter im Schweizer Sennenhund-Verein für Deutschland e. V., im Deutschen Club für Berner Sennenhunde und ebenso die Züchter in den Sennenhund-Vereinen Österreichs und der Schweiz. Diese Eigenschaften sind es wert, alles zu tun, um sie zu erhalten.

Der Dürrbächler

Im Berner Mittelland war der Berner Begleiter auf den Gehöften der Bauern, vor allen Dingen aber auch ein Helfer seiner Herren.

Als Treibhund für das Vieh, als Zughund mit Ausdauer und als aufmerksamer Wachhund erarbeitete er sich die Liebe seiner Menschen. Besonders im Dürrbachtal waren diese Hunde mit ihren drei Farben und dem langen Haarkleid häufig zu finden. Ihre Heimat gab ihnen auch den damaligen Namen. Der wahre Ursprung und die Herkunft des Dürrbächlers, unseres heutigen Berner Sennenhundes, ist bis zu diesem Tag ein Geheimnis der Geschichte geblieben. Ursprünglich vermutete man, die Abstammung wäre auf die Molosser zurückzuführen, welche mit den Römern in die Schweiz gekommen waren. Dafür liegen aber bis heute keine gesicherten Erkenntnisse vor. Vielmehr ist man heute davon überzeugt, dass es sich um Hundeschläge gehandelt hat, die immer schon in dieser Gegend, dem Dürrbachtal und den Hochlagen des Berner Oberlandes, gelebt haben. Man bevorzugte Hunde, die ohne Aggressivität das Vieh hüteten, dem Menschen freundlich gesinnt waren und problemlos die von ihnen geforderten Arbeiten verrichteten. Die Haltung und die Vermehrung dieser Hunde richtete sich ausschließlich nach ihrer Gebrauchsfähigkeit. Die kleineren Hunde, aus denen sich später Entlebucher und Appenzeller Sennenhunde entwickelten, verwendete man zum Treiben von Vieh. Von den größeren Hunden erwartete man das Bewachen der Höfe, von Hab und Gut. Hierdurch betrieb man ungewollt und willkürlich eine Auslese, die sich im Laufe der Jahrhunderte im Erbgut der Hunde manifestierte.

Selbst noch vor 50 Jahren wurden Tiere, die den Erwartungen, die in sie gesetzt wurden, nicht entsprachen, die jagten, sich unerlaubt vom Hof entfernten oder zum Hof gehörendes Getier nicht tolerierten oder beschützten, getötet. Somit wurde ohne kynologische Ambitionen auf Haustreue und Verträglichkeit selektiert. Tierschutz im heutigen Sinn war damals unbekannt. Die Hunde hatten ihre Pflicht zu erfüllen, mussten funktionieren, ansonsten hatten sie keinerlei Überlebenschancen. Das bäuerliche Leben der damaligen Zeit war geprägt von harter Arbeit und Armut. Für nutzlose Fresser war kein Platz. Dadurch wurde ungewollt bei den Bauernhunden harte Zuchtselektion betrieben. Die Tiere wurden mit dem, was gerade da war, gefüttert. Diese relative „Leichtfutterigkeit" ist auch heute noch im Erbgut der Sennenhunde zu finden. Jegliche Überfütterung ist daher der Rasse nicht zuträglich und muss besonders bei Welpen und Junghunden vermieden werden.

Ihr Leben verdienten sich die Hunde durch Zuverlässigkeit und Treue zu ihren Menschen und zu allem, was dazugehörte. Auch dieses Erbgut zeichnet den Berner Sennenhund heute aus. Seine besondere Anhänglichkeit zu sei-

nen Menschen ist sprichwörtlich. Allerdings hatten diese Bauernhunde auch das, was auch heute noch das Wichtigste für die Berner ist – den ständigen Kontakt zu ihren Menschen. Ob Arbeiten auf den Almwiesen zu verrichten waren, auf den Bauernhöfen, im Stall oder mit dem Vieh – Bäri oder Bläss waren immer dabei. Und in den kalten und langen Wintern fand sich immer ein Platz in einer Ecke oder unter der Ofenbank. Bäri oder Riegi waren ein Teil der Gemeinschaft. Bereits damals begann die Prägung darauf, weniger der Hund eines Einzelnen zu sein, als vielmehr der Kamerad für alle Mitglieder der bäuerlichen Gemeinschaft. Dort, wo gerade etwas zu erledigen war, war auch der Dürrbächler dabei. Seine Intelligenz, Gelehrigkeit und sein Interesse an allen alltäglichen Dingen machte ihn zu einem angenehmen Begleiter. Eingespielte Tagesabläufe zu erkennen und darauf zu reagieren, war für Berner selbstverständlich. Berner unterschieden jedoch genau, wer Mitglied der Gemeinschaft war, und meldeten Fremde oder Eindringlinge sofort, ohne aggressiv zu werden.

Wagenziehen war die ursprüngliche Aufgabe der Berner – heute ein Freizeitvergnügen.

Der Dürrbächler wird bekannt

Mit der Ausweitung und Verbesserung der Verkehrsmöglichkeiten verbreitete sich auch der Ruf der gebrauchstüchtigen Hunde aus dem Weiler Dürrbach. Dürrbach liegt an der Verkehrsverbindung nach Bern. Hundekarren und -gespanne waren zu dieser Zeit selbstverständlich. Für jede Art von Transportmöglichkeit war man dankbar. Ein großer Teil der Kleinlasten wurde so transportiert, zum Beispiel die Milch zur nächsten Käserei. Händler und Handwerker, immer auf der Suche nach besonders leistungsfähigen Tieren, wurden durch Hörensagen auf die Dürrbächler aufmerksam.

Die Menschen lebten damals selbst immer hart am Existenzminimum. Das Leben ging oft nicht recht freundlich mit ihnen um. Genauso hart behandelten sie manchmal auch ihre Hunde. So erzählt die Geschichte, dass eine Sennenhündin, eingeschirrt an ihrem Karren, auf einem Marktplatz ihre Jungen zur Welt brachte – bis einsichtige und tierliebende Menschen ihr halfen und sie versorgten.

Die Rasse entsteht

Aber immer noch konnte von bewusster und zielgerichteter Hundezucht keine Rede sein.

Am 8. Juni 1883 wurde von einigen besonders hundefreundlichen Männern zum „Zwecke der Aufzucht und Pflege unseres ältesten und edelsten Haustieres" in der Schweiz die Schwei-

Winterzeit ist Bernerzeit. Schnee ist ein Vergnügen für diese Rasse!

zerische Kynologische Gesellschaft (SKG, Seite 121) gegründet. Ein Name taucht bei all diesen Aktivitäten häufig auf und ist daher mit den Anfängen der Berner-Zucht in der Schweiz eng verbunden: Max Siber. Ausgezeichnete und anerkannte Hunde wurden ab diesem Zeitpunkt namentlich registriert. Das erste schweizerische Hundestammbuch entstand und wurde geführt. Ab dem Jahr 1900 bildeten sich in verschiedenen Kantonen der Schweiz Ableger dieser kynologischen Vereinigung. Im selben Jahr veranstaltete man die erste schweizerische Hundeschau.

Pioniere der heutigen Berner-Zucht waren neben Siber auch Mummenthaler, Schafroth und Schertenleib. Auch diesen Männern fielen die Gelbbäckler, auch Bunte Hunde genannt, auf, die man als Urväter des Berner Sennenhundes bezeichnen kann. Im Jahre 1902 stellten die Schweizer Bauern ihre Hunde bei Ausstellungen vor. Die Geburtsstätte der Rassehundezucht für Berner lag in Burgdorf, und es begann im November 1907. Selbstverständlich war dieser Anfang noch nicht mit der Zucht von heute zu vergleichen, aber die ersten Schritte wurden gemacht: Jetzt beschlossen einige Hundefreunde, an ihrer Spitze Prof. Dr. Heim, Geologe und Heimatkundler, die hervorragenden Eigenschaften dieser Rasse zu erhalten. Nun beachtete man konsequent die Reinzucht und nannte die Hunde auf Vorschlag von Prof. Dr. Heim „Berner Sennenhunde". Er betrieb auch die Trennung der Sennenhunde von den Bernhardinern.

Eines der Rassekennzeichen bei Sennenhunden war und ist die Dreifarbigkeit; Bernhardiner sind dagegen rotweiß. Prof. Dr. Heim war es, der mit seinem hervorragendem kynologischem Sachverstand Richtlinien für

die Rassereinzucht festlegte und vorschlug, die „Langhaarigen" und die „Kurzen" zu trennen. Es bildeten sich je eigene Rassen: der langhaarige Berner Sennenhund und die kurzhaarigen Rassen Entlebucher, Appenzeller und Großer Schweizer Sennenhund. Der Siegeszug des Berner Sennenhundes begann. Dies war aber auch ein Meilenstein in der Reinzucht des Großen Schweizer Sennenhundes. Prof. Dr. Heim riet, beim Dürrbächler das „Langhaar zu pflegen". Der erste Schweizerische Dürrbachklub erstellte die Rassekennzeichen, und bereits drei Jahre später konnte man auf einer Hundeschau die stolze Zahl von 107 Tieren vorführen. Nur sechs Tiere genügten den Anforderungen der neuen Rasse nicht. Einer der größten Förderer der neu entstandenen Rassen war und blieb Prof. Dr. Heim. Er richtete bei dieser Ausstellung alle Tiere und hielt diesen Bauernhund wohl für einen der schönsten Hunde seiner Zeit. Nicht nur wegen seiner bestechenden Dreifarbigkeit, sondern vor allen Dingen wegen der Harmonie seines Wesens.

Netty von Burgdorf, die bekannteste Zuchthündin ihrer Zeit, darf auch heute noch als Schönheit gelten.

Die erste Züchterin von Berner Sennenhunden in Deutschland, Frau Nanny Behrens-Sieber, hier mit Prof. A. Heim und Dr. A. Scheidegger sowie den Bernern Leo Greiner und Regina von Oberaargau (sitzend).

Berner in Deutschland

Nach Deutschland kamen die Berner Sennenhunde durch die Eheleute Frank und Nanny Behrens. Sie suchten einen aufmerksamen Wachhund für ihren Besitz in Schleißheim bei München.

Prof. Dr. Heim riet ihnen auf einer Ausstellung in München zu den Schweizer Bauernhunden. 1911 kam der junge Rüde „Senn vom Schloßgut" im Alter von acht Wochen zum Ehepaar Behrens nach Schleißheim. Später folgte Nanny Behrens' Zuchthündin und damit die Stammmutter des Zwingers „vom Sieberhaus", „Regina von Oberaargau". Der Name des Ehepaares Behrens ist mit der Zucht des Berner Sennenhundes in Deutschland eng verbunden. An der Gründung des Schweizer Sennenhund-Vereins für Deutschland (SSV) ist Nanny Behrens maßgeblich beteiligt. „Sie ergreift die Initiative aus kynologischer Passion und der begründeten Überzeugung zu den Sennen" – so beschreibt dieses Geschehen die Chronik des SSV. Unter den Gründungsmitgliedern findet man auch den Namen eines Mannes, der 35

Jahre die Geschicke der Berner-Zucht in Deutschland mitbestimmt und als Glücksfall für den Verein beschrieben wird: Georg Regner. 1925 gliedert sich der SSV, allein zuchtbuchführender Verein für alle vier Schweizer Sennenhund-Rassen, dem „Deutschen Kartell für Hundewesen" (später VDH) an und ist damit Mitglied der 1911 gegründeten FCI (Adressen Seite 121).

Passt ein Berner in die Familie?

Berner Sennenhunde binden sich besonders stark an ihre Menschen. Für Einzelpersonen, die gerne unterwegs sind, sind sie daher weniger geeignet. Als Hunde, deren Familiensinn geradezu sprichwörtlich ist, lieben sie die Familiengemeinschaft.

Unser Rüde ging abends nicht auf seinen Schlafplatz, bis nicht der letzte in der Familie nach Hause gekommen war. Und er hat schon manche Nacht durchwacht, wenn einmal für ein Familienmitglied eine Übernachtung außer Haus nötig war. Berner sind auf Ruhe und Ordnung bedacht! Als geradezu harmoniesüchtig beschrieben, sind sie für Familien weniger geeignet, bei denen bei Streitgesprächen des öfteren „die Post abgeht". Für besonders reiselustige Menschen, die gerne fremde Länder erkunden, wird ein Berner ebenfalls nicht der richtige Partner sein. Die enge Bindung an seine Familie lässt ihn auch zeitweisen Personenwechsel schlecht ertragen.

Für Familienmenschen mit Sinn für Natur und Umwelt, die genügend Zeit für die Bedürfnisse ihres Hundes haben, sind sie die idealen Partner. Bei Wanderungen durch Wald und Feld zeigt sich der Berner als hervorragender Begleiter. Immer dicht neben oder hinter seinen Menschen, ist er kein Hund, der vorausstürmt. Jugendliches Temperament und Tatendrang sind natürlich auch bei Bernern zu finden.

Ansprüche

Info Vieräugl

Hunde mit braunen Abzeichen über den Augen wurden in verschiedenen Regionen auch Vieräugler genannt. Dies galt unterschiedlich als Glücks- oder Unglückssymbol.

Haus und Garten sind ideale Haltungsbedingungen für Berner Sennenhunde. Jedoch nur in den Garten verbannt zu sein, ohne freien Zugang ins Haus und in die Nähe seiner Menschen, bedeutet für Berner schwer erträgliche Isolation. Seinen Ansprüchen nicht gerecht wird auch eine reine Wohnungshaltung. Ein Berner braucht Platz, um sich frei bewegen zu können, ohne den Kontakt zu seinen Menschen zu verlieren.

Ein Berner gehört nicht in den dritten Stock eines Mietshauses. Doch bei genügend Zeit und häufiger stattfindenden täglichen Spaziergängen mit seinen Besitzern, kann eine im grünen gelegene größere Wohnung durchaus geeignet sein.

Die jeweilige persönliche Situation und die Wohnverhältnisse sollten daher vor der Anschaffung gut abgewogen werden.

Braune Augen und eine freundliche Ausstrahlung zeichnen Berner aus.

Die Heidi-Hütte und davor ein Berner – eine Schweizer Idylle

Auch täglich über viele Stunden alleingelassen zu werden, weil seine Menschen voll berufstätig sind, ist für Berner schwer zu ertragen. Ein Berner Sennenhund leidet schnell unter Vereinsamung, was sich auch auf sein Wesen und seinen Charakter auswirken kann. Sozial- und umweltverträgliche Hunde wie Berner Sennenhunde nehmen am täglichen Leben ihrer Besitzer teil. Von der täglichen Autofahrt zum Einkaufen bis zum Treffen mit Freunden – ein Berner ist überall ein angenehmer Begleiter. Aber die Disziplin und Folgsamkeit, die bei allen Unternehmungen gefordert werden, sind das Ergebnis konsequenter und liebevoller Erziehung vom Welpenalter an. Diese Zeit für Ausbildung, Pflege und Zuwendung müssen wir unseren Hunden geben können. Dann werden sie auch die hervorragenden Eigenschaften ihres Wesens zeigen. Ein wesensfester, umgänglicher Berner ist nicht ein Zufallsprodukt, sondern das Spiegelbild des Umgangs seiner Menschen mit ihm. Hat man sich für einen Berner als Familienmitglied entschieden, trägt man ein ganzes Hundeleben lang Verantwortung für sein Wohlergehen. Besitzerwechsel erträgt ein Berner Sennenhund äußerst schwer. Macht eine Notsituation es unumgänglich, dass ein Berner in eine neue Familie eingegliedert werden muss, ist einfühlsame, liebevolle Geduld unerlässlich. Albert Schweitzer meinte einmal: „Ethisch ist der Mensch nur, wenn er Leben schützt, auch das Leben von Tieren." Der Kauf eines Berners verpflichtet Sie dazu.

Der richtige Zeitpunkt

Häufig stellt sich noch die Frage nach der günstigsten Zeit. Wann soll der kleine Hund Einzug halten, im Frühjahr oder im Herbst?

Berner Welpen werden, entgegen der manchmal geäußerten anderen Meinung, das ganze Jahr über geboren. Hündinnen richten sich nach ihrem eigenen Rythmus. Zugegeben, im Frühjahr und im Herbst fallen Würfe etwas häufiger. Dies ist ein Überbleibsel aus Vorzeiten, als die besten Aufzuchtszeiten von Caniden genutzt werden mussten. Die heutigen guten Aufzuchtsmöglichkeiten für unsere Hündinnen ermöglichen Welpen „rund um das Jahr". Eventuell ist das Haarkleid der Winterwelpen etwas dichter. Die Übernahme im Sommer macht die Aufzucht vielleicht etwas einfacher, da wir uns wesentlich mehr im Freien aufhalten können. Nach meiner Erfahrung ist die Sauberkeitserziehung im Winter schneller abgeschlossen, da sich der Mensch intensiver darum bemüht. Pfützchen in der Wohnung sind nicht so gerne gesehen und man achtet selbst besser auf die Anzeichen. Mit dem regelmäßigen „nach Draußen bringen" nur zum Lösen lernt der Welpe schnell was von ihm gefordert ist.

Info | Passt ein Berner in die Familie?

> Sind Sie bereit, die nächsten zehn bis zwölf Jahre Verantwortung für ein Lebewesen zu übernehmen?
> Sind alle Familienmitglieder mit der Anschaffung des Hundes einverstanden und ist niemand gegen Hundehaare allergisch?
> Haben Sie genug Zeit, einen Welpen eventuell auch rund um die Uhr zu betreuen?
> Haben Sie auch in Zukunft Zeit, sich täglich mindestens zwei Stunden Ihrem Hund zu widmen?

> Wer versorgt den Hund, wenn Sie einmal krank werden sollten oder verreisen wollen?
> Können Sie problemlos Ihre Urlaubsgewohnheiten auf das Tier einstellen?
> Werden Sie auch einmal auf Ihren Schlaf verzichten können, wenn Ihr Hund krank ist?
> Sind Sie bereit, bei wirklich jedem Wetter täglich mindestens eine Stunde zu laufen?
> Hunde machen Dreck und finden ihn auch noch schön. Sind Sie und Ihre Wohnung darauf eingestellt?
> Berner Sennenhunde sind für Zwingerhaltung völlig ungeeignet! Können Sie wirklich für die nächsten Jahre Ihr Leben mit einem Hund teilen?
> Können Sie die anfallenden, manchmal nicht unerheblichen finanziellen Belastungen tragen?

Nur wenn Sie alle Fragen mit „ja" beantworten können, sollten Sie sich für einen Berner entscheiden.

Ein Berner zieht ein

Ihr Berner wird Sie ein Hundeleben lang begleiten. Deshalb lohnt es sich, etwas Zeit und Mühe zu investieren und den Berner zu finden, der zu Ihnen paßt. Ein verantwortungsvoller, engagierter Züchter hat dem kleinen Welpen wichtige Eindrücke und Erfahrungen mitgegeben, auf denen Sie aufbauen können.

Wo kaufen?

Ein Familienmitglied, das für viele Jahre sein Leben mit Ihnen teilen wird und an das vielfältige Anforderungen unserer Umwelt gestellt werden, sollte vom ersten Tag seines Lebens an alle Förderung und menschliche Fürsorge erfahren haben, die möglich ist.

Es ist daher Ihr gutes Recht, hohe Ansprüche an einen Züchter zu stellen. Engagierte Züchter im Verband für das Deutsche Hundewesen e.V. (VDH), die sich dessen strenge Bestimmungen „auf die Fahne geschrieben" haben, bemühen sich darum. Der Schweizer Sennenhund-Verein für Deutschland e.V. (SSV) und der Deutsche Club für Berner Sennenhunde, die sich nach den Regeln des VDH richten, sind kompetente Partner für die Zucht und Aufzucht eines Berners. Strenge Zuchtbestimmungen gewährleisten in hohem Maße, dass ein wesensfester und gesunder Welpe bei Ihnen Einzug halten kann.

Schon der Welpe ist auf Erkundungsgang.

Die Geschlechtsreife ist nicht gleich die Zuchtreife! Zur Zucht ist auch eine seelische Reife der Tiere nötig. Ein guter Züchter wird mit seinen Zuchthunden an den Zuchttauglichkeitsprüfungen und den Wesensprüfungen seines Vereines teilnehmen, was erst ab dem 18. Lebensmonat des Berners möglich ist.

Info Voraussetzungen

> Der Züchter muss die Zuchtbestimmungen seines Vereines beachten,
> an Züchterseminaren teilnehmen,
> einen von den Rassehund-Vereinen zugelassenen Zwinger beantragen,
> seine zukünftige Zuchthündin mit Sorgfalt auswählen,
> seine Hündin nur in Topverfassung zur Zucht einsetzen.

Die Hunde sind auf HD/ED geröngt und die entsprechenden Auflagen zu HD (Hüftgelenkdysplasie) und ED (Ellbogendysplasie) sind erfüllt.

Ein guter Züchter wird den entsprechenden Partner für seine Hündin mit Sorgfalt auswählen. Dazu sind Besuche auf Ausstellungen und entsprechenden Veranstaltungen nötig.

Er wird jede Möglichkeit nützen, z.B. mit Züchterkollegen zu sprechen um über bereits bestehende Nachzucht der Partner viel in Erfahrung zu bringen.

Er muss Zuchtwerte beachten und besonders bei den leider zu Krebserkrankungen neigenden Berner Sennenhunden auf die Altersstruktur der Hunde, Vorfahren sowie Geschwister achten. Natürlich ist es für jeden Züchter wunderbar, einen Champion in seiner Nachzucht zu haben. Aber was nützt der schönste Hund, wenn er eventuell früh verstirbt oder einer Linie entstammt, wo viele früh verstorbene Ahnen bekannt sind.

Ein guter Züchter wird auf reine „Schönheitszucht" verzichten und die Gesundheit der Hunde immer in den Vordergrund stellen.

Bei allen diesen Überlegungen wird ein guter Züchter immer das Wohl sei-

Die Kleinen lernen von Mutter und Geschwistern.

Geborgenheit und Vertrauen von Anfang an sind wichtige Grundpfeiler für das Hundeleben.

ner Hunde im Auge behalten. Fort- und Weiterbildung ist für einen guten Züchter unverzichtbar.

Er wird ausreichenden Platz, Zeit und gute Nerven haben, um einen Wurf optimal aufziehen zu können. Die knappen Urlaubstage im Jahr sind zur Erholung gedacht und für die Welpenaufzucht ungeeignet und nicht ausreichend. Zur Welpenaufzucht gehört Passion, Zeit, Begeisterung und eine Familie, die voll dahinter steht.

Ein guter Züchter wird mit seiner Hündin höchstens einen Wurf pro Jahr planen und bei großen Würfen eine längere „Schonzeit" für die Hündin einhalten.

Ein Züchter, der in seinem Leben mit aller Liebe und Sorgfalt vielleicht nur drei bis vier Würfe aufziehen kann, weil er auch seine nicht zur Zucht geeigneten Hunde liebt und nicht wieder abgibt, leistet wertvolle Arbeit. Gut so-

zialisierte Hunde in liebevolle Familien zu übergeben, ist Ziel eines guten Züchters. Aber auch Züchter, die aus Liebe und Passion jährlich einen Wurf aufziehen können, dies aus Liebe zu unseren Bernern tun, dabei nicht die Augen vor Neuerungen in der Hundezucht verschließen und trotzdem den Blick über „den Tellerrand" nicht verlieren, machen sich um die Rasse verdient.

Hat man einmal das Glück, selbst einen Deckrüden in seiner Familie haben zu dürfen, dann stellt man seine Kraft, sein Wissen um die Bernerzucht und seine Zeit dem Fortbestehen dieser wunderbaren Rasse zur Verfügung.

Das Bestreben der Deckrüdenbesitzer wird es immer sein, ihren Hund nicht zur „Deckmaschine" degradieren zu lassen, sondern auch hier eine sorgfältige Auswahl der Verpaarungen zu treffen und die Deckeinsätze entsprechend zu beschränken.

Diese Drei sind neugierig auf das Leben.

Hat dann der Züchter nach ca. 63 Tagen das Glück, auf einen gesunden Wurf und eine fürsorgliche Berner-Mama zu blicken, hat sich alle Mühe im Vorfeld gelohnt. Neun Wochen dreht sich in der Züchterfamilie nun alles um den Nachwuchs. Darüber darf auch die Nachsorge für die Hundemama nicht vergessen werden. Dem Alter der Welpen angepasst, wird nun die Prägung der Hunde und die Sozialisierung wichtigstes Kriterium sein. Enger menschlicher Kontakt, Gewöhnung an viele Umweltgeräusche und vielfältige Eindrücke stehen im Vordergrund. Behutsam muss der kleine Berner an sein Leben mit dem Menschen herangeführt werden. In dieser Zeit beim Züchter entwickelt sich auch die Intelligenz der Hunde und kann bereits gefördert werden. Die medizinische Vorsorge, das Entwurmen und Impfen nach Impfplan ist selbstverständlich. Mit der vollendeten achten Woche wird ein seriöser Züchter seinen Wurf vom Zuchtwart des Vereines überprüfen lassen. Wichtige Daten zum Wurf werden vom Zuchtwart an die Zuchtbuchstelle weitergegeben. Danach wird die Ahnentafel des Berner Sennenhundes erstellt.

Natürlich ist ein Lebewesen nie mit einem Garantieschein zu erwerben. Aber soweit möglich, wird ein verantwortungsvoller Züchter alles tun, um Ihnen einen gesunden Welpen übergeben zu können. Vergleichbar sind auch die Zuchtbestimmungen in der Schweiz

(KBS), dem Mutterland der Rasse. In Österreich steht der ÖSSV (Adressen Seite 121) für die Einhaltung der Bestimmungen. Die zuständigen Ansprechpartner in den Vereinen helfen Ihnen gerne dabei, den richtigen Züchter zu finden. Wundern Sie sich nicht, wenn der Züchter Ihnen bei Ihren ersten Besuchen viele Fragen stellt. Ein guter Züchter möchte, bevor er seine Welpen an die neuen Besitzer abgibt, auch deren Familienverhältnisse und Lebensumstände kennenlernen. Genauso werden Sie bei ihm für alle Fragen und Probleme ein offenes Ohr erwarten können. Denn für einen guten Züchter, der seine Hunde liebt, die Rasse schätzt und verbessern möchte – nicht nur vermehren –, sind die neuen Lebensumstände seines „Schützlings" auch nach dem Abgabetermin von Bedeutung.

Genauso werden Ihre Besuche bei den kleinen Welpen zur Kontaktaufnahme immer willkommen sein. Einerseits fördert dies die Sozialisierung zum Menschen allgemein, andererseits kann sich Ihr kleiner Familienzuwachs schon ganz gut an Sie gewöhnen. Der Kontakt mit den kleinen Hundewelpen kann jedoch wegen der großen Ansteckungsgefahr für die nicht geimpften Welpen erst ab der 3. Woche erlaubt werden.

Alle Fragen nach den Hundeeltern wird Ihr Züchter Ihnen beantworten können, da er detaillierte Kenntnisse auch über den Zuchtrüden hat. Auf Wunsch gibt er Ihnen auch Einsicht in die Zwingerpapiere.

Der Züchter ist für alle Fragen um unsere Berner ein kompetenter Ansprechpartner. Verantwortungsvolle Zucht heißt, Sorge zu tragen, zusammen mit den Welpenkäufern, ein Hundeleben lang.

Info | Ein guter Züchter

> Er wird Ihre Lebensumstände erforschen.
> Er will etwas über Ihre Familienverhältnisse wissen.
> Er fragt, wie ein Welpe aus seiner Zucht in Zukunft gehalten wird.
> Er wird Sie bei allen Fragen beraten können.
> Er wird ab ca. der vierten Woche Kontakt mit den Welpen erlauben.
> Er wird Ihnen die Mutterhündin zeigen.
> Er kann Auskunft über das Vatertier geben.
> Er zeigt Ihnen die Aufzuchtstätte.
> Er gibt Ihnen Einsicht in die Papiere zur Wurfabnahme.
> Die Aufzuchtstätte ist sauber und macht einen ordentlichen Eindruck.
> Die Futterschüsseln sind sauber gespült.
> Wasser steht zur Verfügung und ist sauber und frisch.
> Das Verhalten der Hunde ist offen und frei, im Beisein des Züchters auch Fremden gegenüber.
> Alle Tiere haben einen guten sozialen Kontakt und leben überwiegend in der Familie.
> Den Welpen steht Spielzeug zur Verfügung, das ihrem Alter angepasst ist.
> Die Welpen werden schon jetzt mit verschiedenen Umweltgeräuschen vertraut gemacht.
> Eine Waage steht zur Verfügung, damit die kleinen Hunde, anfangs täglich, gewogen werden können.
> Ein guter Züchter sagt auch mal „nein", wenn er nicht absolut sicher ist, den richtigen Käufer für seine Welpen gefunden zu haben. Eventuell wird er sich Bedenkzeit erbitten.

Die Auswahl des Welpen

Der unauffälligste Welpe wird später auch meist der unproblematischste Hund. Kleine Draufgänger könnten später vielleicht Dominanzprobleme haben. Ängstliche Welpen können sich zu wesensschwachen Hunden entwickeln. Ein selbstbewusster, in sich ruhender Welpe kann später durchaus „Führungsqualitäten" entwickeln. Ein unbedarfter Hundebesitzer könnte sich hier mit der Erziehung schwer tun. Beobachten Sie in vielen Situationen und über längere Zeit das Verhalten der Kleinen.

Sind Sie selbst unsicher bei der Wahl Ihres Welpen, wird Ihnen der Züchter bei der Entscheidung helfen. Nur der Züchter erkennt jetzt schon in Ansätzen das Temperament der kleinen Vierbeiner. Durch tägliche Fürsorge und Beobachtung kann er beurteilen, welcher der Kleinen am besten zu Ihnen passt.

> ### Info | Ein gesunder Welpe
>
> › Sein Verhalten ist freundlich, neugierig und aufgeschlossen.
> › Er ist spielfreudig und kommt auch auf fremde Personen zu.
> › Er ist gut genährt und hat ein rundes Bäuchlein.
> › Die Nase und alle Körperöffnungen sind sauber und frei von Schleim und Sekreten.

Rüde oder Hündin?

Das ist generell eine Frage Ihrer persönlichen Einstellung. Meist sagt man der Hündin nach, etwas leichter führbar zu sein. Rüden erfordern eine etwas konsequentere Erziehung. Hündinnen wird Anschmiegsamkeit nachgesagt, Rüden gelten als imposanter (sie werden bis zu 70 cm groß und bis zu 60 kg schwer).

Das mag richtig sein, jedoch bestätigen, wie bei allen Dingen, Ausnahmen die Regel. In unserer Familie lebten eine sehr dickköpfige Hündin, daher besonders geliebt, weil sie „Persönlichkeit" zeigte, und ein anschmiegsamer, liebevoller Rüde. Lassen Sie Ihr Herz sprechen! Bedenken Sie: Die Hündin wird zweimal jährlich heiß (läufig) und bedarf dann besonderer Aufsicht und Fürsorge. Sie werden kaum mit ihr aus dem Haus gehen können, ohne von paarungswilligen Rüden verfolgt zu werden.

Wohnen bereits viele Hündinnen in Ihrer Gegend, wird es ein Rüde schwer haben: Er kann unter der ständigen sexuellen Stimulierung leiden und wird nichts unversucht lassen, um zu der jeweiligen Angebeteten zu gelangen. Dann ist kein Zaun zu hoch.

Vater und Sohn verstehen sich prächtig.

Der Kauf

Haben Sie sich für einen Welpen entschieden, wird der Kauf per Kaufvertrag besiegelt.

Festgehalten werden der Name des Hundes, Zuchtbuch-Nummer, Chipnummer und der vereinbarte Preis. Der Züchter wird sich evtl. ein Rückkaufsrecht in Höhe des Welpenpreises vorbehalten – für den Fall, dass Sie den Hund aus irgendeinem Grund nicht behalten können. Einen Impfpass mit den ersten Impfungen, die der Züchter veranlasst hat, wird er Ihnen beim Kauf übergeben. Aus dem Impfpass ist ersichtlich, wann die Auffrischungsimpfung fällig ist. Zur Identifikation ist die Chipnummer Ihres Hundes im Impfpass vermerkt. Diese sollte zur Sicherheit beim Haustierzentralregister TASSO (Adresse Seite 121) hinterlegt werden.

Die Ahnentafel

Nach Erstellung der Ahnentafel durch die Zuchtbuchstelle wird Ihnen diese vom Züchter umgehend ausgehändigt. Sie enthält die Abstammung Ihres Hundes bis zu seinen Urgroßeltern. Alle wichtigen Daten werden in Zukunft in die Ahnentafel eingetragen.

Die Ahnentafel ist ein Auszug aus dem Zuchtbuch. Zu sehen ist darauf das Vereinsemblem, das Logo der FCI, und das Zeichen des VDH (Verband für das Deutsche Hundewesen). Diese Merkmale zeigen die Zugehörigkeit des Vereins. Achten Sie bei allen Ahnentafeln auf jeden Fall auf diese Zeichen. Alle im VDH anerkannten Vereine unterliegen besonders strengen Zuchtbestimmungen: Der VDH ist ein Garant für kontrollierte Zucht. Deshalb ist auf dieses Zeichen besonderer Wert zu legen. Die Ahnentafeln der Schweiz zeigen das Zeichen der SKG und der FCI. Für

Der Tag der Abgabe wird von den neuen Besitzern freudig erwartet.

Österreich gilt die Abkürzung ÖSSV und FCI. Weiterhin ist die Rasse vermerkt, in unserem Fall „Berner Sennenhund". Es folgt der Vor- und Zwinger(Zu)name des Hundes, das Geschlecht, die Zuchtbuchnummer sowie die Chipnummer – die Erkennungsmerkmale Ihres Hundes werden so festgehalten. Vor der Wurfabnahme wird der Hund durch den Tierarzt im linken Nackenbereich mit dem Chip gekennzeichnet. Er ist sozusagen sein Perso-

Tipp | Impftermine

Vor der Wurfabnahme beim Züchter erfolgte die Grundimmunisierung Ihres Welpen (SHLP). Vergessen Sie nicht das Nachimpfen in der 12. Woche. Mit der 16. Woche kann bereits die Tollwutimpfung erfolgen.

Streifzüge durch die Natur – für Berner ein „Muss".

nalausweis. Wurftag und Rassekennzeichen (beim Berner „dreifarbig, Langhaar") folgen auf der Urkunde, danach die Adresse des eingetragenen Züchters. Der Ahnennachweis bis zur dritten Generation wird in Folge festgehalten. ED-, HD-Grad, Leistungskennzeichen mit abgelegten Prüfungen und evtl. Schönheitstitel sind bei den einzelnen Namen vermerkt. Die Zuchtbuchstelle trägt weitere wichtige Daten wie Wurfstärke, Wurfabnahme mit Datum usw. ein. Durch die Unterschriften und das Siegel der Zuchtbuchstelle werden die Eintragungen beurkundet. Auf der Rückseite werden Ausstellungsergebnisse, das evtl. Kördatum, die Würfe der Hündin und Ausbildungskennzeichen eingetragen. Ahnentafel und Hund sind eine nicht trennbare Einheit. Die Ahnentafel bleibt Eigentum des Vereins. Sie verbleibt im Besitz des Hundehalters, sollte aber nach dem Tod des Hundes mit Angabe der Todesursache an die Zuchtbuchstelle zurückgegeben werden. Teilen Sie etwaige Diagnosen und ärztliche Befunde auch dem Züchter mit.

Unterhaltskosten

Ein Berner Sennenhund bringt nicht nur Freude ins Haus, er kostet auch Geld. Damit ist nicht nur der Kaufpreis gemeint, sondern der tägliche Unterhalt. Um einen ungefähren Überblick über die jährlichen Ausgaben zu haben, muss man folgende feste Posten bedenken: Die Hundesteuer bemisst sich von Stadt zu Stadt, von Gemeinde zu Gemeinde recht unterschiedlich. Manche Großstadt erhebt einen jährlichen Steuersatz von fast 200 Euro. Wesentlich günstiger sind oft kleinere Gemeinden. Der jährliche Steuersatz ist hier oft mit 40 Euro abgegolten. Es wird auch unterschieden, ob ein oder zwei Hunde in der Familie leben. Ein Schutz- oder Wachhund wird meist mit einem niedrigeren Steuersatz belegt als ein Zweithund, der dann als „Luxushund" eingestuft wird.

Ein weiterer Posten ist die jährliche Impfung. Im Interesse Ihres Hundes ist es wichtig, hier nicht nur die Tollwutimpfung zu verabreichen, sondern auch die Grundimmunisierung gegen

Auf Mutters Rücken ist der Kleine gut behütet.

Staupe, Hepatitis, Leptospirose und Parvovirose mit vornehmen zu lassen. Damit Ihr Berner wirklich rundum geschützt ist, sind dafür 70 bis 80 Euro zu veranschlagen. Die Preise können von Tierarzt zu Tierarzt und von Stadt zu Stadt variieren. Ein nicht vorhersehbarer Kostenfaktor sind weitere Tierarztkosten, wenn einmal ein Notfall oder eine Erkrankung eintreten sollte. Einige hundert Euro kommen hier schnell zusammen. Flohschutzmittel, Zeckenhalsbänder, die mehrmaligen Wurmkuren und andere Pflegeutensilien müssen gerechnet werden. Bei Zeckenhalsbändern und Präparaten zur Zecken- und Flohbekämpfung beachten Sie bitte genau die Hinweise des Herstellers, ob die Mittel für Hunde unter einem Jahr geeignet sind.

Ganz wichtig ist eine Hundehaftpflichtversicherung. Die Prämien sind bei den unterschiedlichen Versicherungen sehr variabel. Erkundigen Sie sich bei mehreren Versicherungen nach den Beiträgen. Ein ungefährer Mittelwert liegt, je nach Höhe der Versicherungssumme, bei ca. 65 Euro jährlich. Etwaige Unterhaltskosten, wenn Sie einmal krank sind und Ihren Hund nicht selbst versorgen können, sollten bedacht werden. Genauso kostet der Urlaub einiges mehr, wenn Ihr Hund mit ins Hotel darf. Aber auch die Unterbringungskosten, wenn Sie ohne Berner verreisen, für Tierpension oder Hundesitter im Hause (viel schonender für Berner), fallen nicht unerheblich ins Gewicht. Und dann ist da noch die Frage des Familienautos. Für die Familie würde vielleicht ein Kleinwagen ausreichen. Muss hin und wieder ein Berner mit im Auto fahren – bei Tierarztbesuchen ist dies fast unumgänglich –, dann sollte man an einen Kombi denken. Sie sehen also, es hat keinen Sinn, die Frage nach den Kosten nicht aufzugreifen. Ein Hund verursacht Ausgaben, die ins Budget eingeplant werden müssen. Dazu kommen die regelmäßigen Ausgaben für Futter und Leckerchen sowie die Erstausstattung mit Näpfen, Liegebett, Halsband und Leine, Pflegeutensilien und Spielzeug. Planen Sie evtl. die Kosten einer Hundekrankenversicherung ein!

Vorbereitungen zu Hause

Ab der neunten bis zehnten Lebenswoche können Sie Ihren Welpen nach Hause holen, im einzelnen richtet sich der Termin nach dem Impfschutz des Welpen bzw. nach der Wurfabnahme durch den Zuchtwart.

In seiner neuen Heimat ist für den jungen Hund bereits alles für seinen Empfang vorbereitet; die Erstausstattung ist besorgt. Sie haben sich nach einem Tierarzt in Ihrer Nähe erkundigt? Seine Telefonnummer liegt für Notfälle bereit.

Die erste Autofahrt

Eventuell hat der Welpe das Autofahren bereits beim Züchter kennengelernt. Auf jeden Fall soll die Fahrt vom Züchter zu Ihnen nach Hause für Ihren kleinen Berner so angenehm wie möglich verlaufen. Schließlich soll er Sie ja auch auf allen zukünftigen Fahrten

gerne begleiten. Eine Begleitperson übernimmt das Steuer des Wagens, so dass Sie sich ungestört um den Welpen kümmern können.

Vor der Fahrt sollte der Kleine nicht gefüttert werden. Sprechen Sie daher die genaue Abholzeit mit Ihrem Züchter ab.

Fahren Sie im Sommer möglichst in den frühen Vormittagsstunden oder am frühen Abend. Bei einem klimatisierten Wagen spielt die Tageszeit keine Rolle. Nehmen Sie eine Küchenrolle mit, falls der Kleine die erste Autofahrt nicht so gut verträgt und sich erbricht. Ein großes Handtuch, eine Thermoskanne mit frischem, kühlem Wasser und eine kleine Plastikschüssel zum Trinken sowie Halsband und Leine gehören ebenso ins Reisegepäck.

Planen Sie Pausen auf dem Nachhauseweg ein. Nach einer Stunde Fahrzeit „muss" der Welpe sicher mal, schließlich war der Abschied sehr aufregend für ihn. Aber Vorsicht, er darf das Auto nicht ohne Leine verlassen. So gut

Erste Schritte im neuen Heim

Liebevolle Zuwendung ist in den ersten Tagen wichtig.

kennt der kleine Hund Sie noch nicht, er könnte erschrecken und plötzlich weglaufen.

Ein Stofftier als Geschwisterersatz, das vorher schon beim Züchter sein Spielzeug war, tröstet ihn während der Fahrt und später zu Hause. Halten Sie Ihren Welpen während der Fahrt im Arm. Liebevolle Kontakte in den ersten Stunden schaffen Vertrauen.

Ankunft im neuen Heim

Zu Hause angekommen, muss Ihr Welpe sicher wieder ein dringendes Geschäft erledigen. Bringen Sie ihn sofort an die Stelle, die er auch in Zukunft als Hundetoilette benutzen darf. Loben Sie den Kleinen ordentlich, wenn es „geklappt" hat.

Gönnen Sie dem kleinen Berner genügend Zeit, seine neue Umwelt und sein neues Zuhause zu erkunden. Der Umgangston ist ruhig und freundlich. Bedenken Sie: Alles ist neu und unbekannt für den Kleinen. Erschrecken Sie ihn nicht durch unnötig laute Geräusche. Sind Kinder im Hause, halten Sie sie in ihrer Freude über den neuen Hausgenossen etwas zurück. Der kleine Hund braucht Zeit, um alles kennenzulernen. Vermeiden Sie in der ersten Woche neugierige Besucher und wenn möglich legen Sie den Abholtermin auf eine Zeit ohne große Familienfeste. Eine vollkommen neue Welt hat ihre Tore für den Welpen geöffnet. Der kleine Berner muss seine neue Heimat in Ruhe und ohne Stress erkunden können. Sicher wird er seine Geschwister und seine Mutter schmerzlich vermissen. Daher gehört er in den ersten Nächten auf jeden Fall in Ihre Nähe.

Tipp | Sicherheit

Denken Sie daran: Einmal eingewöhnt, sind Welpen sehr unternehmungslustig. Sichern Sie Gefahrenstellen wie Treppen, Hausaufgänge und offene Türen. Zimmer- und Gartenpflanzen können giftig sein – Vorsicht! Stellen Sie Putzmittel oder Arzneimittel verschlossen weg. Kleine Gummitiere und Tennisbälle o. ä. können verschluckt werden. Machen Sie Ihre Umgebung welpensicher!

Zuhause muss er mal, jetzt eilt es aber!

Ideal ist es, wenn Sie sein Körbchen in der ersten Zeit neben Ihrem Bett plazieren. Der aus seiner gewohnten Umgebung herausgerissene Welpe würde, allein in ein Zimmer gesperrt, Ängste entwickeln, die ihn für die Zukunft prägen. Vielleicht jammert er in der ersten Nacht und sehnt sich nach seiner gewohnten Umgebung und nach seinen Spielgefährten. Trösten Sie ihn und geben Sie ihm sein Stofftier mit den heimatlichen Gerüchen zum Kuscheln. Der kleine Welpe wird Ihnen bald Vertrauen schenken, wenn er so liebevoll umsorgt wird. Das Körbchen an Ihrem Bett hat den Vorteil, dass Sie sofort bemerken, wenn der Kleine unruhig wird und hinaus muss. Futter für

Info | Die Erstausstattung

> Hundehalsband zum verstellen (Sie werden staunen, wie schnell das nötig ist), evtl. ein Geschirr für die erste Zeit,
> Hundeleine, keine sogenannte Flexi-Leine (Erläuterung bei Erziehung, Seite 80)
> Futternapf (am besten ist für den frohwüchsigen Berner ein höhenverstellbarer Futterständer geeignet)
> Wassernapf
> gut waschbare Kuscheldecke für den Schlafplatz
> Kauknochen und Hundespielzeug
> Hundebürste
> Zeckenzange
> großes Stofftier zum Kuscheln
> gewohntes Futter für die erste Zeit (gibt der Züchter mit)
> Welpen-Trockenfutter
> Kauknochen
> Spielzeug

Schnell hinaus mit dem Kleinen!

die ersten Mahlzeiten zu Hause haben Sie sicher noch vom Züchter mitbekommen. Sollte der Kleine noch nicht sofort fressen wollen, haben Sie Geduld. Nach kurzer Eingewöhnungszeit treibt ihn der Hunger sicher an den gefüllten Napf. Zeigen Sie ihm zwischendurch freundlich, wo er Futter und Wasser findet. Bieten Sie ihm seine erste Mahlzeit zu Hause ruhig im Napf aus der Hand an.

Stubenreinheit

Ihr Bestreben wird sein, den kleinen Berner so schnell wie möglich stubenrein zu bekommen. Dazu ist es wichtig, seinen Verdauungsrhythmus zu kennen. Füttern Sie ihn daher immer zur gleichen Zeit.

Als Faustregel für die erste Zeit gelten die im Kasten aufgeführten Zeitpunkte. Wenn Sie die Zeichen bemerken bzw. es Zeit für sein Geschäftchen ist, nehmen Sie den Kleinen hoch und tragen ihn zu der Stelle, die auch in Zukunft sein Hundeklo ist. Warten Sie geduldig, bis er sein Wässerchen oder sein größeres Geschäft erledigt hat.

Tipp | Wann muss er raus?

> Nach dem Aufwachen.
> Nach dem Fressen.
> Nach dem Spielen.
> Sonst ca. alle 2 Stunden, wenn er nicht gerade fest schläft.
> Wenn er suchend umherläuft, sich im Kreis dreht, zur Tür läuft oder sich hinkauert.

Dann loben Sie den Welpen überschwenglich. Er wird schnell lernen und Ihnen bald zeigen, wann es wieder soweit ist. Beobachten Sie Ihren Welpen genau: Manche Hunde zeigen mit aufgeregtem Kreisen und Schnüffeln an, dass sie hinausmüssen, andere sausen, da sie den Weg zur Türe schon kennen, eilig dorthin. Welpen können auch noch nicht die ganze Nacht ihre Blase kontrollieren. Wenn der Kleine neben Ihrem Bett schlafen darf, bekommen Sie gleich mit, wenn er unruhig wird. Für die erste Zeit ist es günstig, seinen Schlafplatz zu begrenzen, denn die Hundeetikette lässt es nicht zu, dass der Welpe sein Bett verunreinigt: Unsere Hunde, von Natur aus reinlich, sind selbst darauf bedacht, das Nest sauberzuhalten. Tragen Sie den Welpen nachts ohne Kommentar zum Hundeklo und ohne zu spielen wieder auf seinen Schlafplatz. Aber auch hierbei ist liebevolle Geduld wichtig. Sollte einmal ein Malheur im Hause oder in der Wohnung passieren, schimpfen Sie nicht mit ihm. Das Schnäuzchen in die Bescherung zu stecken, ist für ein Nasentier wie unseren Hund nicht nur unverständlich, sondern eine Tierquälerei. Man wischt die Pfütze ohne Kommentar auf und reinigt mit Essigwasser nach. Zusehen sollte man den Kleinen jedoch nicht lassen. Die ersten Tage wird der Welpe häufiger zum Löseplatz gebracht. Bald meldet er sich und kann auch länger aushalten.

Rechtliches und Versicherungen

Neben aller Vorsorge darf die rechtliche Absicherung nicht vergessen werden.

Als Hundebesitzer benötigen Sie eine Haftpflichtversicherung. Erkundigen Sie sich rechtzeitig danach. Vom ersten Tag bei Ihnen zu Hause an sollte Ihr Hund versichert sein. Auch ein kleiner Hund kann schon großen Schaden anrichten: Ein unachtsamer Augenblick im Straßenverkehr kann Sie teuer zu stehen kommen. Denken Sie daran, Ihren Berner bei der Gemeinde- oder Stadtverwaltung anzumelden. Dort bekommt der Hund eine Steuermarke – die Bürokratie verschont auch unsere Berner nicht.

Mit Schwung geht es hinein …

Welpenspieltage

Unseren Vierbeinern wird in der heutigen Zeit vom Menschen viel abverlangt. Vom Hund als sozialverträglichem Partner erwartet man, dass er an allen Unternehmungen seiner Besitzer mit Freude teilnimmt.

Genau in der Sozialisierungsphase seiner Entwicklung trennt man nun den Welpen – viel früher als von der Natur bestimmt – von seinem Rudel. Davon profitiert der Mensch, denn das Menschenrudel wird schnell als Ersatzrudel angenommen. In dieser Zeit ist es selbstverständlich, dass wir uns besonders intensiv um unseren Welpen kümmern. Als Ersatz für seine Geschwister bieten sich Welpenspieltage an. Aus dem Angebot an Welpenspielgruppen das Richtige auszusuchen, ist nicht einfach. Gute Welpenspielgruppen bieten Hunden von der 8. bis maximal zur 16. Lebenswoche sinnvolle Beschäftigung. Das Hauptmerkmal der Welpenspieltage liegt im gemeinsamen Spiel von Welpen verschiedenster Rassen. Einmal Sieger sein und einmal unterliegen; seine Grenzen erkennen und trotzdem Spass haben – Welpenspieltage bieten alles.

Tipp Impfschutz

Bevor Sie mit Ihrem Welpen Prägungsspieltage besuchen, muss er auf alle Fälle vollen Impfschutz haben.

… und am Ende wieder hinaus. Ein Spass für Tana!

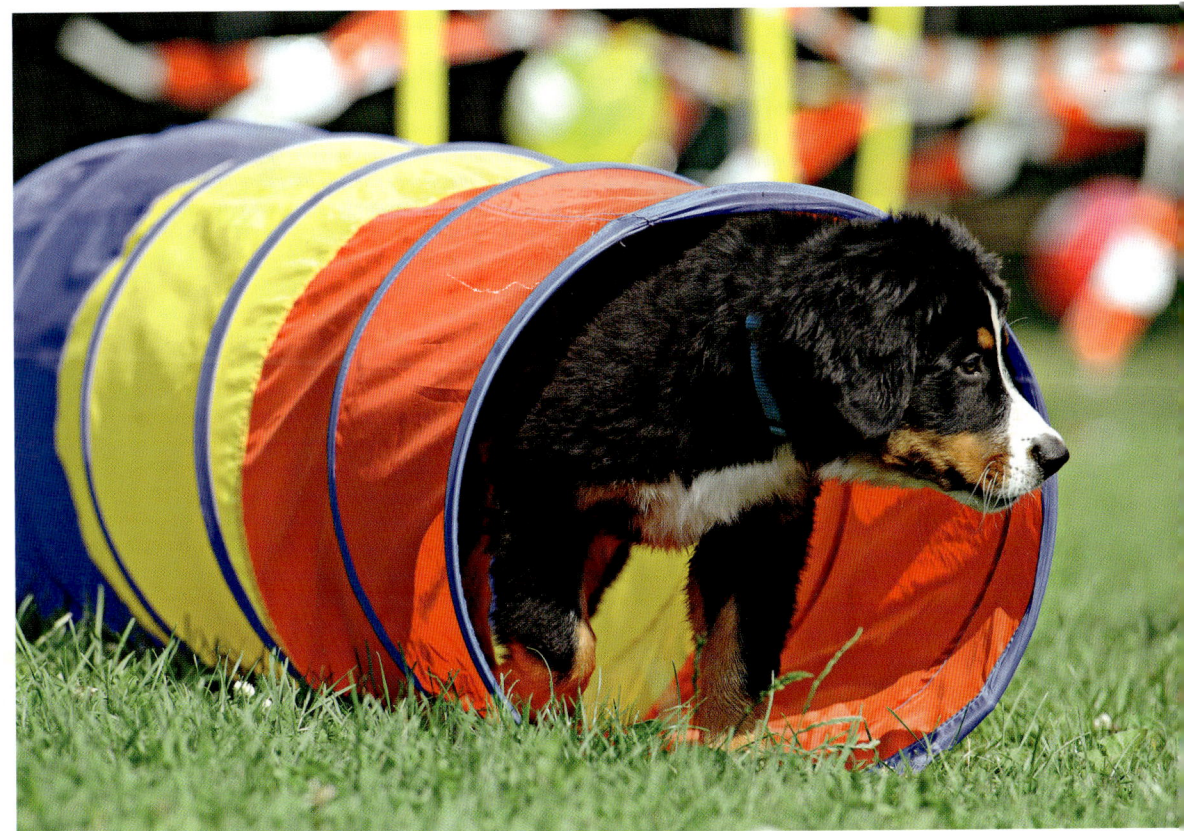

Vom Welpen zum Hund

Die ersten vier Lebenswochen

Entwicklung der Welpen

Die ersten Wochen im Leben eines Hundes sind sehr aufregend. Zu Beginn geben die Kleinen nur leise Fiep- und Murrgeräusche von sich. Doch schon nach ca. 14 Tagen öffnen sich ihre Augen und die Welpen reagieren auf Geräusche.

Aufgaben des Züchters

In dieser Zeit ist die gute Versorgung der Mutterhündin ganz besonders wichtig. Der Züchter muss darauf achten, dass sie genug Milch hat, dass es zu keinen Gesäugeentzündungen kommt und dass die Wurfkiste immer sauber und trocken ist. Die Welpen werden regelmäßig gewogen und dabei in die Hand genommen und ausgiebig gestreichelt. Dabei gewöhnen sie sich an den Menschen.

Von der 5. bis zur 8. Woche

Entwicklung der Welpen

Die kleinen Berner Sennenhunde werden immer munterer und entdecken ihre Umgebung. Über Spiel mit den Geschwistern und der Mutter wird gelernt. Dabei werden Elemente aus dem Aggressions- und Angstverhalten gezeigt.

Aufgaben des Züchters

Der Züchter muss den Welpen nun zunehmend Erfahrungen mit der belebten und unbelebten Umwelt bieten. Unterschiedliche Menschen, Fahrten ins Grüne, Kontakt mit anderen Tieren usw. bereiten den kleinen Berner auf das „Abenteuer Leben" vor.

Von der 9. bis zur 24. Woche

Entwicklung des Welpen

Der Welpe nimmt Abschied von seiner Hundefamilie und lernt seine neuen Menschen kennen. Nun kommt die Zeit für ihn, in der er alles erfährt, was er für sein späteres Leben in dieser Familie braucht. Er ist aufgeschlossen allem Neuen gegenüber und äußerst lernbereit.

Aufgaben des Besitzers

Das Wichtigste in dieser Zeit ist der Aufbau von Vertrauen. Gemeinsam erkundet man die Welt, entdeckt Neues und unterstützt den Welpen in schwierigen Situationen. Zudem bringt man dem kleinen Kerl gutes Benehmen und das kleine Einmaleins der Erziehung bei.

Pubertät mit ca. 9 Monaten

Der Halbstarke

Klein und putzig ist der Berner nun nicht mehr. Er ist jetzt ein schlaksiger Halbstarker, der gern mal seine Grenzen austestet. Der Hormonhaushalt verändert sich und die Geschlechtsreife setzt ein.

Aufgaben des Besitzers

Kein Grund zur Panik. Ihr Berner hat nicht alles vergessen, was er bisher gelernt hat. Auch wenn es häufig danach aussieht. Haben Sie viel Geduld und bleiben Sie konsequent. Bestehen Sie auf der Ausführung Ihrer Signale, auch wenn es jetzt etwas länger dauert. Sie werden sehen, diese Phase geht vorüber.

Erwachsen ab ca. 3 Jahre

Echte Persönlichkeiten

Der Berner Sennenhund hat viele Erfahrungen gemacht, auf denen er nun sein Leben aufbaut. Er ist ein Individuum mit Ecken und Kanten, die nur noch schwer geschliffen werden können.

Gemeinsam durchs Leben

Haben Sie Ihrem Berner in der Welpen- und Junghundzeit viel gezeigt und beigebracht, können Sie nun die Lorbeeren dafür ernten. Sie haben einen Partner, der Ihnen vertraut und mit Ihnen gemeinsam sicher durchs Leben geht.

Senior ab ca. 7 Jahre

Graue Schnauzen

Kommt der Berner in die Jahre, lässt seine körperliche Leistungsfähigkeit nach. Er wird sich schwerfälliger erheben, viel schlafen und meist auch nicht mehr so schnell auf alles reagieren. Es kann sein, Sie kommen vom Einkaufen zurück und Ihr Berner bleibt ruhig schlafend in seinem Korb. Bemerkt er Sie, ist es ihm fast peinlich. So etwas wäre ihm früher nie passiert.

Rücksichtnahme und Verständnis

Die Wege werden kürzer. Ihr Berner wird Ihnen noch mehr nachfolgen, da er nicht gern allein ist. Auch ruht häufig ein durchdringender Blick auf Ihnen, er verfolgt nun mehr mit seinen Augen, da sein Gehör nachlässt. Auch wird er vielleicht nicht mehr auf Ihr Signal SITZ reagieren, da ihn seine Knochen schmerzen. Gehen Sie darauf ein und verlangen Sie nicht zu viel. Er hat Ihnen sein ganzes Leben gegeben und nun etwas mehr Ruhe verdient.

In der Welpenspielgruppe werden unterschiedliche Umweltreize eingesetzt: Ein Sandkasten mit Bällen, Autoreifen, Regenschirme und Schubkarren sind interessante Gegenstände. Pro Spieltag wird nur ein Teil der Utensilien als immer wieder neuer Reiz verwendet.

In kleinsten Schritten wird spielerisch Erziehung (Sitz, Hier, Platz) mit eingebaut. Suchspiele können schon der Grundstein für eine spätere Fährtenhundausbildung sein. Diese Übungen können die Hundebesitzer auch während der Woche durchführen.

Lange Ruhepausen muss man einplanen. Während Ihr Welpe seinem Schlafbedürfnis nachkommt, haben Sie genügend Zeit, Ihre Kenntnisse über das Verhalten der Hunde zu erweitern. In der Gruppe können überdies wertvolle Erfahrungen ausgetauscht werden.

In diesen Wochen werden die Grundlagen für einen „problemlosen" Hund geschaffen. Das Wesen eines eher zurückhaltenden Welpen wird aufgebaut. Bei dominanten Welpen ist diese Zeit wesensausgleichend. Ihr Welpe lernt schnell, sich fremden Situationen anzupassen und kann sich im Alltag besser bewähren. Welpenspielstunden fordern je nach Teilnehmerzahl genügend Zeit und sollten keinesfalls zu unkontrolliertem wildem Spielen führen. Pro Trainer sollten

Ungleiche
Spielgefährten

nicht mehr als zehn Hunde betreut werden. Welpenspieltage fördern die Intelligenz Ihres Hundes, und intelligente Hunde fordern auch ihre Besitzer.

Tipp | Nicht überfordern

Welpen sind beim Üben schnell überfordert. Am Anfang ist es ausreichend, täglich zu Hause dreimal zu üben, und zwar jeweils eine bis höchstens fünf Minuten. Beenden Sie Ihr spielerisches Üben immer mit einem positiven Erlebnis. Wenn die erste Übung zuverlässig ausgeführt wird, kann mit der nächsten Übung begonnen werden.

Prägen fürs Leben

Ab der 8. Woche befindet sich Ihr kleiner Berner in einer für sein weiteres Leben sehr entscheidenden Phase. Alles, was er in dieser Zeit als negativ kennenlernt, wird er nie mehr unbefangen bewältigen können. Führen Sie ihn daher an alle alltäglichen Dinge behutsam heran.

Auch die Verhaltensentwicklung und damit sein späteres Verhalten wird in dieser Zeit entscheidend beeinflusst. Jetzt werden die Grundsteine für sein soziales Verhalten und für seine Lernfreude gelegt. Bringen Sie ihren Hund in möglichst viele Umweltsituationen. Er muss alles kennenlernen dürfen, oh-

„Na warte – morgen bin ich obenauf!"

ne dabei überfordert zu werden. Alle an ihn gestellten Anforderungen wird er dann später viel leichter bewältigen. In diesem Alter sind die kleinen Hunde sehr spielfreudig. Beim Züchter waren Mutter und Geschwister ideale Spielpartner – jetzt sind Sie gefordert! Nützen Sie diese aufnahmefähige Zeit, um das Sozialverhalten Ihres Berner positiv zu

beeinflussen. Im Spiel mit Ihnen lernt der kleine Welpe seine Grenzen kennen. Jedes richtige Verhalten loben Sie überschwenglich. Unerwünschte Aktionen beenden Sie sofort mit einem strengen „Nein". Das genügt in solchen Fällen. So lernt der kleine Berner, zwischen richtig und falsch zu unterscheiden.

Dieser Entwicklungsabschnitt ist auch der richtige Zeitpunkt, die Beisshemmung zu trainieren: Jedes zu feste Zufassen im Umgang mit dem Menschen muss sofort unterbunden werden. Der Welpe hat unter Umständen noch kein Gefühl für sein Zufassen, ohne dies böse zu meinen. Beenden Sie wilde Raufspiele sofort. Welpenspielsachen mit „Quitsch" sollten Welpen vor-

> **Tipp** | **Ungestörter Schlaf**
>
> Der Welpe sollte beim Schlafen nie gestört werden. Sie riskieren ansonsten, dass Sie einen nervösen, hektischen, unausgeglichenen Hund bekommen.

Welpen brauchen neue Eindrücke, aber auch Ruhephasen.

erst nicht zum Spielen erhalten. Sie müssen den Unterschied zwischen „Ernst und Spiel" erst erlernen. Der Umgang mit den Geschwistern kann rauh und wild gewesen sein. Der vorsichtige Umgang mit dem Menschen will vom kleinen Berner erst erlernt sein.

Spielerisch werden auch die Grundlagen für eine spätere Ausbildung gelegt. Vielleicht erkennt man jetzt schon besondere Begabungen. Der Welpe lernt dabei auch, sich in der Familie einzuordnen und sich unterzuordnen. Sein Verhalten wird in dieser Zeit immer kontrollierter. Seine Schlafzeiten verkürzen sich und er nimmt am täglichen Leben seiner Menschen aktiv teil.

Der Alltag

Optimale Lebensbedingungen für unseren Berner Sennenhunde sind ein Haus mit Garten und freier Zugang zu seinen Menschen. Hier kann er nach Lust und Laune „sein" Revier bewachen, auch mal Löcher graben, Eichhörnchen jagen (er erwischt sie ja doch nicht), Vögel beobachten oder nur im Garten dösen und faulenzen.

Den täglichen Spaziergang ersetzt ein Garten jedoch nie. Er muss sein Reich auch verlassen können, nach anderen Zeitgenossen schnüffeln dürfen, Hundefreunde treffen und die Welt immer neu entdecken. Der tägliche Rundgang, auch in einer unbekannten Gegend, bedeutet für ihn dasselbe, wie für seine Menschen das tägliche Fernsehen, Nachrichten hören und Zeitung lesen. Es ist für ihn Information und Anregung zugleich. Zum Alltag gehört auch mal eine Autofahrt zum Einkaufen in die Stadt, zum Tierarzt oder auch am Sonntag zu einem Ausflug ins Grüne. Das bringt Abwechslung in den Alltag.

Ein Garten ist wichtig, ersetzt aber nicht die Spaziergänge in der Natur, bei denen der Kleine neue Eindrücke sammeln kann.

Tipp · Autofahren ist toll

Von der ersten Autofahrt an sollten Sie darauf achten, dass es für Ihren Hund ein positives Erlebnis ist. Jede weitere Autofahrt wird dann ganz stressfrei und selbstverständlich. Unsere Berner springen mit Begeisterung in ihren Kombi, wenn sie ihre „Chefs" begleiten dürfen – und sei es nur zum Brötchenholen am Samstag mit dem Herrn des Hauses. Vielleicht gibt es ja auch noch ein Brötchen extra. Fast alle Berner genießen es, mit dem Menschen zusammen den begrenzten Raum im Auto zu teilen.

Auf dicken Pfoten
erobert er die Welt.

Tägliche Bewegung

Hier gibt es je nach Eigenart und Charakter Unterschiede. Sie werden bald feststellen, ob der tägliche Spaziergang ausreicht. Unsere Hündin ist mit einer guten Stunde täglich und einem kleinen Abendspaziergang zufrieden, wobei sie ihren Spaß in ausgiebigem Schnüffeln findet. Unser Rüde forderte hier schon einiges mehr an Zeit. Er verschaffte sich auch wesentlich mehr an Bewegung, indem er bei unseren täglichen Wanderungen auch einfach mal, wo es möglich war, über Wiesen sauste und an Feldwegen entlanggaloppierte. Er hatte Freude und Lust an der Bewegung.

Wie herrlich dann, wenn es im Winter mal Schnee gegeben hat. Dann kennen der Spaß und die Freude am Tollen keine Grenzen. Denken Sie daran, den Welpen und Junghund nicht zu überfordern und so lange wie möglich noch keine Treppen steigen zu lassen. Er soll alles kennenlernen, aber sein Bewegungsapparat darf nicht überlastet werden.

Rücksicht nehmen

Jeder Hundebesitzer liebt sein Tier. Sie können dies aber nicht unbedingt auch von Ihren Mitmenschen erwarten. Manche Angewohnheiten unserer Hunde sind für unsere Nachbarn durchaus störend. Im täglichen Miteinander ist daher für ein friedliches Zusammenleben gegenseitige Rücksicht erforderlich.

Ein Berner ist ein Spiegelbild seiner Erziehung. Es muss nicht sein, dass er sein „Geschäft" vor Nachbars Tür erledigt. Es liegt an Ihnen, Ihren Hund rechtzeitig Gassi zu führen, und zwar abseits von Wohngebieten, wo niemand gestört wird. Ihr Hund fühlt sich auch viel wohler dabei, wenn er sich unbeobachtet fühlt. Denken Sie auch daran, bei Spaziergängen im Dorf oder in der Stadt eine Plastiktüte zum Entsorgen von etwaigen „Hinterlassenschaften" einzustecken. Niemand tritt gerne in Hundehaufen. Ein Kinderspielplatz ist Kindern vorbehalten, ein Hund hat dort nichts zu suchen!

Ein Berner ist von Natur aus kein „Beller". Es liegt an Ihnen, ihn so zu erziehen, dass er Ihre Nachbarn nicht schon morgens um 6.00 Uhr aus dem Schlaf reißt. Die Mittagsruhe zwischen 12.00 und 14.00 Uhr ist in fast allen Gemeinden eine festgelegte Ruhezeit. Denken Sie daran, Ihren Berner zu dieser Zeit ins Haus zu holen, wenn ältere Nachbarn auf ein ungestörtes Mittagsschläfchen Wert legen. Meist ist es unbedachtes oder rücksichtsloses Verhalten, das Streitereien herausfordert, die dann auf dem Rücken unserer Hunde ausgetragen werden. Es erfordert nur etwas Zeit und Konsequenz in der Erziehung, aber ein gutes nachbarschaftliches Verhältnis sollte Ihnen dies wert sein. Wenn man bereit ist, selbst rücksichtsvoll zu handeln, kann man selbst auch einmal Verständnis erwarten. Denken Sie auch daran, Ihren Vierbeiner an Ihre Seite zu rufen, wenn Sie auf Ihren Hundespaziergängen Kleinkindern oder älteren Menschen begegnen. Eventuell muss er auch angeleint werden.

Manche Besitzer kleiner Hunde haben Angst, dass ihr kleiner Liebling überrannt wird, auch hier ist Rücksicht angesagt. Jogger lieben es ganz und gar nicht, wenn ein Hund in seinem Übermut sie geradezu verfolgt. Es nützt in diesen Fällen sicher nichts, wenn Sie versichern, dass Ihr Berner nur Spaß und Spiel im Sinn hat. Nicht jeder hat ein unbefangenes Verhältnis zu Hunden! Sehr viel Hundefeindlichkeit ist durch Gedankenlosigkeit entstanden. Und das ist ganz sicher nicht die Schuld der Hunde, aber sie müssen es ausbaden.

Die Rangordnung

Partnerschaft zwischen Mensch und Hund bedeutet, dass der Mensch die Führungsposition übernimmt. In der Natur hat im Rudelverband das Leittier oder Alphatier das Kommando. Nach dessen Richtlinien handelt das gesamte Rudel. Es ist Anführer bei der Beschaffung von Nahrung und gibt Schutz und Geborgenheit.

Ihr Hund erwartet diese Rolle von Ihnen. Ansonsten wird er notgedrungen versuchen, diese Aufgabe selbst zu übernehmen. Durch richtige Erziehung sind die Weichen bereits gestellt. Aber auch im täglichen Zusammenleben zeigt man dem Hund, wer das Sagen hat: Der Mensch betritt immer zuerst einen Raum, dann der Hund. Wenn sich die Familie zum gemeinsamen

dass er dazugehört. Er muss aber auch wissen, dass er in diesem Sozialgefüge immer das letzte Glied der Kette ist. Alles andere wird ihm und Ihnen nicht gerecht.

Tana genießt ein Mittagsschläfchen.

Essen trifft, bekommt ein nach Dominanz strebendes Tier sein Futter erst danach. Der Hund darf bei der täglichen Essensrunde gerne dabeisein, aber er liegt unter dem Tisch oder in gebührendem Abstand daneben. „Strategisch" wichtige Plätze, wie z.B. die Haustür, Küche (Futterresourcen) oder Wohnungsmittelpunkte werden dominanten Tieren verwehrt. Der Hund springt erst aus dem Auto, wenn es ihm erlaubt wird. Er betritt erst nach seinem Herrn den Garten, ist nicht der Erste, wenn es an der Wohnungstüre läutet. Ihr Berner soll immer spüren,

Spiele

Eine gute Möglichkeit, die Rangordnung festzulegen, die Bindung zum Menschen zu fördern und zu verfestigen, sind Beschäftigungsspiele. Der Fachhandel bietet hier viele Möglichkeiten, intelligente Hunde zu beschäftigen.

Eine ganz einfache Möglichkeit zur Beschäftigung bietet ein größerer Karton, mit geknülltem Zeitungspapier gefüllt. Verstecken Sie darin Leckerli oder das Lieblingsspielzeug Ihres Hundes. Alle meine Berner haben damit ihren Spaß gehabt. Die Berner-Rüden einer Freundin tragen mit Begeisterung den Wocheneinkauf nach und nach in ihren eigenen Körbchen ins Haus.

Wenn bei sehr schlechtem Wetter für unsere Molly der Spaziergang etwas kürzer ausgefallen ist, sucht sie mit Vorliebe Leckerli in der Wohnung.

„Komm, spiel mit mir!"

Ein Taschenlampen-Lichtstrahl führt sie zu den spannendsten Ecken.

Aladins Job war es unterwegs, Leine oder Regenschirm nach Hause zu tragen. Die größte Freude machte man ihm, wenn er einen Futterbeutel tragen durfte. Dieser ging dann hin und wieder „verloren". Wenn Aladin ihn dann wiederfand, wurde er daraus mit einem Leckerli belohnt.

Es gibt viele Möglichkeiten zu gemeinsamen Spielen im Haus, wenn der Wettergott einmal Regenwetter schickt. Molly und Tana sind dann mit dem Hütchenspiel für Hunde zu begeistern. Hier sind auf einer Holzplatte 8 Holzhütchen platziert. Darunter werden Leckerli versteckt. Die Aufgabe der beiden ist es nun, mit dem Fang die Hütchen anzuheben. Als Belohnung wartet darunter ihr Leckerli. Vereinfacht kann man auch ausrangierte Plastikblumentöpfe, kleine Plastikschüsselchen oder ähnliches verwenden und die Belohnungen darunter verstecken.

Das Turbo-Spiel verlangt von ihrem Hund etwas mehr strategisches Geschick. Hier sind fünf Holzscheiben übereinander befestigt, die sich verschieben lassen. Jede Platte hat eine Vertiefung, in der sich Leckerli verstecken lassen. Die Aufgabe des Berners ist es die Scheiben so zu verschieben, dass er an seine Belohnung kommen kann.

Bereits sehr junge Hunde finden Spaß an einem Futterball oder Futterwürfel. Bei geschicktem Rollen fallen aus der Öffnung die kleinen Futterbrocken. Der Berner wird also für seine Spielfreude gleich belohnt. Dabei sollte man jedoch beachten, dass das Futter in die tägliche Gesamtration eingerechnet wird.

Alte Handtücher, die man miteinander verknotet, eignen sich hervorragend für die so beliebten Zerrspiele.

Alte Socken oder Waschhandschuhe lassen sich prima für ein Suchspiel verwenden. Hier legt man einige davon in eine größere Schachtel oder Plastikschüssel. In einem oder zwei davon verstecken sie kleine Käsestückchen. Ihr Berner wird mit Begeisterung den richtigen suchen, um an die Leckerei zu kommen.

„Schau mal, hier ist etwas Leckeres versteckt!"

Kinder verstehen sich
gut mit Bernern.

Das bereits erwähnte Spiel mit der Taschenlampe lässt sich noch ausbauen, wenn sie den Lichtstrahl auf bestimmte Gegenstände richten und sich diese bringen lassen. Dabei wird die Apportierfreude Ihres Hundes trainiert.

Konzentration und Gehorsam werden ihrem Hund abverlangt, wenn sie ihm kleine Futterstückchen auf die Pfote oder, noch schwieriger, auf die Nase legen. Erst mit dem Kommando „Nimm" darf dann die Belohnung verspeist werden.

Ein lustiges Spiel für drinnen und draußen ist das Plastikflaschenspiel. Hier kann man eine Plastikflasche mit zwei Löchern gegenüberliegend durchbohren, mit Leckerli befüllen und einen Stab durch die Löcher führen. Diesen beidseitig befestigen. Die Aufgabe ihres Berners ist es nun, die Flasche mit der Nase oder Pfote so umzudrehen, dass die Leckeli herausfallen können. Geschicklichkeit und Denkvermögen werden so gefördert.

Berner sind mit vielen Spielen zu begeistern und können so ausgelastet werden. Nützen Sie Ihre Phantasie und die Begabung Ihres Hundes. Beim gemeinsamen Spiel fördern Sie die Intelligenz ihres Berners und festigen die Bindung.

Hunde und Kinder

Wenn ein junger Mensch einmal Freundschaft mit einem Berner schließen durfte, wird ihn diese Verbindung sein Leben lang begleiten. Die dazugehörige Verbundenheit mit der Natur, die soziale Fürsorge für ein anderes Lebewesen sind Grundpfeiler fürs Leben.

Jedoch kann ein Kind dieser Aufgabe nie allein gewachsen sein. Es braucht dazu die volle Unterstützung seiner Eltern, denn die Hundeerziehung gehört in die Hände eines Erwachsenen. Kinder unter 14 Jahren werden vom Hund nicht ernstgenommen, da es an der nötigen Konsequenz fehlt. Diese ist aber dringend erforderlich. Kinder und Hunde sind Spielgefährten und Kameraden. Erzieherische Maßnahmen aus Kindermund schaden dieser Beziehung

Lena und Tana, die beiden mögen sich.

nur. Ein Spielzeug darf der Hund für ein Kind nie sein! Gefährlich kann es auch sein, Kinder und Hunde alleine zum Gassigehen zu schicken. Ein anderer, nicht so friedlich gestimmter Hund kann schon der Auslöser sein, dass der Berner unvorhergesehen reagiert oder auf die Straße zerrt. Kinder sind in solchen Situationen total überfordert. Und noch ein Hinweis: Kleinkinder und junge Hunde gehören immer und zu jeder Zeit beaufsichtigt. Wer einmal beobachtet hat, wie rauh und wild Welpen miteinander spielen, obwohl doch alles ganz liebevoll und friedlich gemeint ist, der wird diese Warnung verstehen. Kleinkinder und junge Hunde alleine zu lassen, ist sträflicher Leichtsinn.

Andere Haustiere

Als ursprünglicher Bauernhund ist der Berner mit anderen Haustieren generell gut verträglich. Die Bauern im Schweizer Oberland konnten Hunde, die ihre Hühner jagten oder die anderen Tiere nicht tolerierten, in ihrer Umgebung nicht dulden. Diese Eigenschaft ist den Berner Sennenhunden in ihren Erbanlagen erhalten geblieben.

Nicht selten sind ein Berner und die Hauskatze ein unzertrennliches Paar. Von Anfang an mit Einfühlungsvermögen und Vorsicht aneinander gewöhnt, gibt es selten Probleme. Hervorragend gelingt es, wenn beide als Jungtiere ins Haus kommen. Ist schon eine Katze im Haus, ist es nötig, eher auf die Katze zu achten, damit der kleine Welpe nicht unnötigen Attacken ausgesetzt ist.

Bei Kaninchen, Hamstern, Mäusen oder Meerschweinchen ist Vorsicht angebracht, weil sie ursprünglich für den Hund Beutetiere sind. Hat der Berner gelernt, dass diese Tiere zum Rudel gehören, wird er sie tolerieren. Alleine würde ich die Hausgenossen aber nicht miteinander lassen.

Mit Vögeln geht das Zusammenleben aus eigener Erfahrung sehr gut. Unser Nymphensittich ist oft auf dem Rücken unserer Bernerin herumspaziert. Gefährlich werden hier nur geöffnete Türen für den Vogel.

Die Umwelt entdecken

Es gibt viel zu tun

Erfahrungen sammeln

Die ersten Wochen im Leben eines Hundes sind entscheidend für seine weitere Entwicklung. Der kleine Welpe soll die Welt mit allen Sinnen entdecken, doch nicht alles an einem Tag. Nehmen Sie sich für jeden Tag etwas vor – es genügen meist schon zehn Minuten. Zeigen Sie ihm behutsam seine neue Umwelt und unterstützen Sie ihn bei seinen Entdeckungen.

Ab ins Auto

Eine Fahrt ins Grüne

Kleine Fahrten ins Grüne gewöhnen den Welpen langsam ans Autofahren. Gewöhnen Sie ihn an eine Box, die ihm auch im Auto Sicherheit gibt. Fahren Sie langsam – Ihr Welpe soll sich nicht wie in einer Achterbahn fühlen. Verbinden Sie die Autofahrten mit kleinen Ausflügen, die Ihrem Welpen Spaß machen. Bald wird er in freudiger Erwartung zum Auto laufen, da er weiß, dass dieses Gefährt ihn zu spannenden Abenteuern bringt.

Auf Feld und Wiese

Über Stock und über Stein

Ein Hund möchte laufen, doch mit einem Welpen sollten Sie eher noch trödeln. Gehen Sie mit ihm auf eine Wiese, lassen Sie ihn die Mauselöcher untersuchen und an den Gänseblümchen schnüffeln. Auch ein Blatt oder einen Ast darf er mit seinen Zähnchen bearbeiten. Spielen Sie mit ihm und verstecken Sie sich auch einmal hinter einem Gebüsch, so dass Ihr Welpe Sie suchen muss.

Am Wasser

Mit allen Pfoten im Nass

Hunde können prinzipiell zwar schwimmen, doch sie müssen erst lernen, dass sie es können. Dabei gibt es wie bei uns Menschen die Furchtlosen und die etwas Zaghaften. Haben Sie Geduld und gehen Sie mutig voran. Probieren Sie es immer wieder, bis Ihnen Ihr Hund folgt. Ist er nicht ganz wasserscheu, wird er den Sprung eines Tages wagen. Überlegen Sie aber auch, ob Sie ihn wirklich auf den Geschmack bringen wollen.

In der Stadt

Augen zu und durch

Bahnhof, Straßenbahn, Fußgänger-unterführung, Marktplatz – in der Stadt gibt es viel zu entdecken. Hier strömen die unterschiedlichsten Gerüche auf Ihren Welpen ein und auch die Geräuschkulisse hat einiges zu bieten. Gewöhnen Sie ihn langsam an die Reize, nehmen Sie ihn auf den Arm, falls er sich ängstigen sollte, zeigen Sie ihm, dass die Stadt etwas ganz Normales ist.

Kontakt mit Hunden

Von Riesen und Zwergen

Bis jetzt hat Ihr Berner wahrscheinlich nur seine Mutter und seine Geschwister kennengelernt. Vielleicht auch noch eine Tante oder einen Onkel.

Auf Ihren Trödelspaziergängen begegnen Sie nun sicher auch anderen Hunden. Wählen Sie die Bekanntschaften gut aus – nicht jeder Hund ist verträglich mit Artgenossen. Lassen Sie Ihren Welpen nur mit den Hunden spielen, bei denen Sie sich sicher sein können, dass er das Spiel auch genießt und nicht nur untergebuttert wird. Vielleicht können Sie sich auch hin und wieder mit einer Bekanntschaft aus der Welpengruppe zum gemeinsamen Spiel treffen.

Hunde sind nicht nur Fleischfresser, sondern Allesfresser. Sie lieben die Abwechslung in Form von Gemüse, Obst, Nudeln, Kartoffeln oder Reis. Auch Milchprodukte verfeinern den Speiseplan. Bereits der Welpe sollte eine abwechslungsreiche Ernährung kennenlernen, damit er sich frühzeitig an vielerlei gewöhnt.

Futterplan vom Züchter

Sennenhunde gelten als besonders gute Futterverwerter. Dies ist noch ein Erbgut aus ihrer früheren Zeit als Schweizer Bauernhunde, in der nur karges Futter zur Verfügung stand. Daher sollte ihre Ernährung qualitativ sehr hochwertig sein, mengenmäßig füttert man aber eher zurückhaltend. Ihr Berner sollte der Meinung sein, dass es noch etwas mehr sein dürfte. In den ersten Wochen richten Sie sich bitte genau nach den Fütterungsangaben Ihres Züchters. Meist füttert man dem kleinen Welpen vier Mahlzeiten pro Tag. Ab der 16. Lebenswoche kann dann die Portion leicht erhöht werden und auf drei Mahlzeiten am Tag verteilt werden. Beim erwachsenen Berner verteilt man seine Ration auf zwei Mahlzeiten. Das ist für unsere Hunde gesünder als eine große Mahlzeit und besonders bei älteren Tieren besser verträglich. Dies dient auch zur Vorbeugung der gefürchteten Magendrehung.

„Ein Spaziergang macht hungrig. Wann gibt es etwas zu fressen?"

Jede plötzliche Ernährungsumstellung bei Ihrem Welpen kann zu schweren Verdauungsproblemen führen. Eine Futterumstellung muss daher schrittweise vorgenommen werden. Geben Sie zum gewohnten Futter, das dann etwas reduziert wird, eine kleine Menge des neuen Futters dazu. Dann schrittweise bei jeder Mahlzeit die neuen Futtergaben erhöhen!

„Hast Du gerufen?"

Fertigfutter

In der Regel bieten wir unseren Bernern eine möglichst abwechslungsreiche Kost. Wer mag schon immer gerne das Gleiche essen? Außerdem verhindert man damit eine Prägung auf eine bestimmte Futtersorte, die womöglich irgendwann einmal nicht mehr erhältlich ist oder im Urlaub nicht zur Verfügung steht.

Eine gute Hilfe bietet Ihnen hier die Futtermittelindustrie, die auf wissenschaftlich neuestem Stand hochwertiges Fertigfutter anbietet. Mittlerweile gibt es spezielles Futter für Hunde großer Rassen. Angepasst an das schnelle Wachstum unserer Berner, liegt der Proteingehalt hier etwas niedriger, um

Tipp | Kontinuität

Vermeiden Sie in der ersten Zeit bei Ihrem Welpen jede plötzliche Futterumstellung!

ein zu schnelles Wachstum der Knochen zu vermeiden. Auf den Packungen ist jeweils die Futterzusammensetzung mit Nährwertanalysen angegeben. Bitte beachten Sie auch die Fütterungshinweise. In der ersten Zeit verwenden Sie immer Spezialfutter für Welpen bzw. dem Alter entsprechend für Junghunde. Die Futtermittelhersteller sind auf die verschiedensten Bedürfnisse eingestellt und bieten ein breitgefächertes Angebot für alle Anforderungen. Vom Welpen zum Junghund und bis ins Erwachsenenalter wird der Energiebedarf für alle Altersgruppen abgedeckt. Auch für Arbeitshunde, tragende Hündinnen oder den alten Hund ist mit speziellen Ernährungsprogrammen jeweils die richtige Energie- und Nährstoffversorgung sichergestellt.

Darüber hinaus gibt es spezielle Diätfuttermittel, die bei speziellen gesundheitlichen Problemen wie Allergien, Nierenerkrankungen oder Magen- und Darmproblemen benötigt werden. Sie dürfen nur gemäß den Ratschlägen eines Tierarztes verwendet werden. Das Angebot der Futtermittelindustrie hält also für alle Lebenslagen und Probleme die richtigen Hundemenüs bereit. Achten Sie darauf, dass Sie hin und wieder je nach Akzeptanz und Verträglichkeit das Futter wechseln.

Die Ernährung des Junghundes

Die Ernährung des wachsenden Hundes unterscheidet sich hinsichtlich des Nährstoffbedarfs sehr von der Ernährung des ausgewachsenen Hundes.

Wachsende Hunde müssen alle Nährstoffe in der richtigen Menge und Zusammensetzung angeboten bekommen. Der wachsende Hund hat einen höheren Nährstoffbedarf als das erwachsene Tier. Das Wachstum darf auch durch Überfütterung nicht zu schnell verlaufen. Muskeln, Sehnen, Knochen und alle inneren Organe müssen mit dem Größenwachstum im Gleichklang sein. Desgleichen wäre ein Zuviel von wachstumswichtigen Mineralien wie Kalzium und Phosphor fatal. Wachstumsstörungen des Skelettes wären die Folge.

Nach Beendung des Hauptwachstums kann eventuell bereits die Umstellung zum Erwachsenen-Futter erfolgen.

Info	Wie oft füttern?	
Alter	**Anzahl Mahlzeiten**
bis ca. 12 Wochen	4 pro Tag
bis ca. 6 Monate	3 pro Tag
ab 6 Monaten	2 pro Tag

Ergänzungsfutter

Um das Futter möglichst abwechslungsreich zu gestalten, können wir mit Quark, Joghurt, Hüttenkäse, Pansen, Fleisch und Innereien sowie hin und wieder einem Eigelb den Speiseplan variieren. Da diese Nahrungsmittel hochwertige Eiweißträger sind, müssen sie anstelle des Fertigfutters gegeben werden. Eine reine Flockenmischung ohne Fleischzusätze ist dann das richtige Zufutter. Keinesfalls sollte man dazu Vollfutter geben.

Ein Zuviel an Mineralien und Vitaminen ist genauso schädlich wie ein Zuwenig. Alle zwischendurch gefütterten Leckerli, Kauknochen und Hundesnacks sollten daher ohne zugesetzte Vitamine sein. Auch etwas Obst und Gemüse bringen Abwechslung. Manche Hunde fressen gerne Fallobst – Vorsicht vor Wespenstichen!

Es schmeckt – wie immer.

Die Futtermenge

Viele Fertigfutterhersteller bieten hochwertiges Futter für alle Altersgruppen und eine Fütterungsanleitung an, die eine gute Orientierung bieten. Die Größe, Kondition und das Gewicht Ihres Berners sind aber letztlich entscheidend für die Menge und die Zusammensetzung. In allen Zweifelsfällen sprechen Sie mit Ihrem Tierarzt über die Zusammenstellung des Futterplanes. Wenn Sie Ihrem Welpen ausschließlich frisches Fleisch und selbst zubereitetes Futter bieten wollen, sind fundierte Kenntnisse in der Zusammenstellung dieses Futters wichtig. Außerdem ist in diesem Fall auch das Zufüttern der richtigen Menge an Kalzium/Phosphor und anderen Mineralien unumgänglich.

Tipp | Nicht zu viel

Ein junger Berner im Wachstum sollte immer schlank und bewegungsfreudig sein. Überfütterung verhindert dies.

Tipp | Wichtige Frische

Achten Sie bei Fertigfuttermitteln auf das aufgedruckte Haltbarkeitsdatum. Wichtige Vitamine könnten sonst bereits verlorengegangen sein.

Hin und wieder ein Stück roher Kalbsknochen zum Abnagen des Knorpels ist erlaubt. Doch Vorsicht, zuviel davon kann zu Verstopfung führen. Kleingeschnittener Salat, Äpfel, Möhren etc. sind nicht nur für Zweibeiner gesund. Auch Hunde mögen diese Dinge gerne, sofern sie daran gewöhnt sind. Möhren sollten immer in Verbindung mit kaltgepreßtem Öl gegeben werden, da sonst das Vitamin A nicht aufgeschlossen werden kann.

Futterplan
Ein Beispiel für Welpen in der 12. bis 16. Woche: Morgens 2 große Esslöffel Quark, verrührt mit 1 Tasse Milch, 1 Teelöffel Honig, 1 Teelöffel geriebenen Karotten, 1 Eigelb, 1 großen Tasse

Schon ist der Napf leer …

Ein Kauvergnügen, und zudem gut für die Zähne

feinen Getreideflocken. Mittags 200 g Fleisch oder gekochtes Hühnerfleisch, fein geschnitten, 1 Tasse Brühe oder Wasser, 1 Eßlöffel Distelöl, 1 Prise Salz, eine große Tasse Hundeflocken; dazu ein Mineralstoffpräparat mit einem Kalzium-Phosphor-Verhältnis von 1,2–1,5 : 1. Abends Welpenfertigfutter oder eine Juniormahlzeit aus der Dose (Vollnahrung).

Wo und wie füttern?

Hunde können sozusagen die Uhr lesen und haben ein ausgeprägtes Zeitgefühl. Füttern Sie deshalb immer zur gleichen Zeit und am selben Platz, der etwas geschützt sein sollte. Die Mahlzeiten schmecken ungestört am besten. Verwenden Sie zum Füttern einen höhenverstellbaren Futterständer, angepasst an die Größe Ihres Berners. Um einer Magendrehung vorzubeugen, sollte Ihr Hund nach dem Fressen mindestens eine Stunde ruhen. Daher müs-

sen wilde Spiele nach dem Füttern vermieden werden und Spaziergänge unmittelbar nach dem Fressen sind tabu.

Frisches Wasser muss Ihrem Hund immer zur Verfügung stehen und jederzeit zugänglich sein.

Info | Was nicht füttern?

> rohes Schweinefleisch (könnte Erreger der Aujeszkyschen Krankheit übertragen)
> rohes Geflügel (Salmonellengefahr)
> Knochen (führen zu Verstopfung; splittern stark und können den Darm verletzen)
> stark gewürzte Speisen schädigen die Nieren
> Süßigkeiten, vor allen Dingen Schokolade
> verdorbene Lebensmittel
> rohes Eiweiß, es verhindert die Aufnahme des wichtigen Biotins
> Weintrauben, Rosinen

Info | Nährstoffgehalt

Trockenalleinfutter für wachsende Hunde
Rohprotein: 25–30 %
Kalzium: 1,2–1,4 %
Kalzium zu Phosphor: 1,2–1,5 zu 1
Vitamin D: 800–1000 i.E./kg

Feuchtalleinfutter für wachsende Hunde
Rohprotein: 7–9 %
Kalzium: 0,3–0,4 %
Kalzium zu Phosphor: 1,2–1,5 zu 1
Vitamin E: 200–300 i.E./Kg

Futtermischung für Junghunde
65 % Pansen, Fleisch
30 % Reis, Haferflocken
5 % Pflanzenöl
2–2,5 g/kg Mineralstoffmischung (davon 20 % Kalzium)

Futtermischung für erwachsene Hunde
35 % Pansen, Fleisch
60 % Reis, Haferflocken
5 % Pflanzenöl
2–2,5 g/kg Mineralstoffmischung (davon 20 % Kalzium)

Die Gewichtsentwicklung

Das Geburtsgewicht von Berner Sennenhunden liegt normalerweise zwischen 400 und 600 g. In den ersten zehn Tagen verdoppelt der Welpe sein Geburtsgewicht, um dann bei normaler Entwicklung wöchentlich ca. 500 g zuzulegen. Zur Wurfabnahme, ca. in der 9. Woche, sollte ein Gewicht von mindestens 7 kg erreicht sein. Dies ist auch das von den Vereinen geforderte Abgabegewicht. Danach rechnet man als Faustregel in der ersten Zeit 1 kg Gewichtszunahme pro Lebenswoche (12 Wochen = 12 kg). Bis zum ersten Geburtstag kann das Gewicht bei Bernern zwischen 38 kg und 50 kg liegen.

Ausschlaggebend ist der Körperbau und das Geschlecht des Hundes. Ihr Berner ist zu dick, wenn keine Taille mehr sichtbar ist und die Dornfortsätze der Wirbelsäule nicht mehr fühlbar sind. Lassen sie es nicht soweit kommen! Bereiten sie die Mahlzeiten schmackhaft, aber lieber etwas knapper zu.

Zu dick?

Wenn Sie Ihren Berner kritisch betrachten und der Meinung sind, Ihr Hund sei etwas rundlich geworden, dann hilft oft schon mehr Bewegung für Ihren Vierbeiner. Sollte das zuwenig Erfolg bringen, dann kann nur kalorienreduzierte Kost weiterhelfen. Streichen Sie alle Leckereien zwischendurch. Wenn Ihr Liebling Sie mit treuen Augen ansieht, bleiben Sie fest.

Auch für diesen Zweck bietet die Futtermittelindustrie ausgewogenes Diätfutter mit reduziertem Energiegehalt. Hungern sollten Sie Ihren Berner keinesfalls lassen. Sie können sein normales Futter in der Menge etwas reduzieren und dafür Karotten, Obst und Salat zugeben. Dies ist auch eine Möglichkeit, kurzzeitig die Kalorienmenge zu reduzieren. Da auch beim etwas pummeligen Hund die Futterration mit allen wichtigen Nährstoffen versehen sein muss, um eine Unterversorgung zu verhindern, ist es aber sicherer und einfacher, hier auf Diätfertigfutter zurückzugreifen.

Snacks und Kauartikel

Alle Snacks und Kauartikel, die zwischendurch gegeben werden, sollten ohne zusätzliche Vitamine und Mineralstoffe sein. Gerne genommen werden getrocknete Ochsenziemer, getrocknete Rinderohren, Rindersehnen und Büffelhautknochen, harte Hundekuchen und Hundekekse.

Snacks bieten gleichzeitig Beschäftigung, stärken das Zahnfleisch und die Zähne und verhindern Zahnstein. Bei der täglichen Gesamtfuttermenge müssen diese Kauartikel wegen ihrer eventuell hohen Energiedichte jedoch berücksichtigt werden.

Info	Gewichtsentwicklung
Alter	**Gewicht**
1 Tag	ca. 500 g
8 Wochen	mindestens 7 kg
4 Monate	18 – 28 kg
6 Monate	25 – 39 kg
9 Monate	29 – 45 kg
1 Jahr	35 – 54 kg

Fütterungshygiene

Lagern Sie Trockenfutter und Hundeflocken immer trocken, kühl und niemals neben stark riechenden Waren oder Reinigungsmitteln. Frisches Fleisch am besten immer einfrieren. Innereien und frisches Schlachtfleisch vorkochen, um einer Verunreinigung durch Bakterien usw. vorzubeugen.

Futterreste, die nach 15 Minuten noch nicht vertilgt sind, bitte wegstellen und kühl aufbewahren oder gegebenenfalls auch wegwerfen. Achten Sie darauf, dass Futter- und Wasserschüsseln immer so heiß wie möglich gespült werden und sauber sind. Futter bitte nicht zu heiß oder zu kalt geben, Zimmertemperatur ist genau richtig.

Danilo hat den totalen Überblick.

Gepflegt von Kopf bis Pfote

Das längere Fell des Berner Sennenhundes ist recht pflegeleicht und hält jeder Witterung stand. Wöchentlich eine wohltuende Massage mit der Bürste ist aber auch für den Berner sehr angenehm. Zudem fördert die Körperpflege die Bindung und das Vertrauen zwischen Mensch und Hund.

Fellpflege

Ihr Berner besticht durch sein schönes Haarkleid. Diese Pracht bedarf aber täglicher Pflege. Einmal täglich mit einer Bürste aus Naturborsten durchgebürstet, wird das Fell glänzen. Haarzotteln bitte vorsichtig mit den Fingern lösen, denn die Fellpflege soll Ihrem Berner Spaß machen.

Nützen Sie diesen intensiven Kontakt mit Ihrem Hund, das vertieft die Beziehung zueinander. Gewöhnen Sie schon den kleinen Welpen an die Fellpflege. Während der Welpenspieltage hat Ihr Kleiner schon das Stehen auf einem Tisch geübt, dadurch wird Ihnen diese Arbeit jetzt sehr erleichtert. Dazu genügt aber vorerst eine weiche Babybürste. Einige Bürstenstriche sind für den Anfang genug. Den erwachsenen Berner verwöhnt man einmal pro Woche mit gründlichem Bürsten mit einer Naturbürste und einem grobzinkigen Kamm oder einem Striegel. Dabei geht man schichtweise vor und vergisst auch nicht die Zotteln hinter den Ohren und die langen Haare an den Hinterbeinen, Hosen genannt.

Bavaria-Molly, eine Bernerin, wie sie sein soll

Fellpflege ist Zuwendung und Verwöhnen zugleich.

Haarwechsel

Schwarzglänzend, satt rotbraun und weiß – so sieht das Fell eines gepflegten, gesunden Berners aus. Zweimal im Jahr, meist im Frühjahr und Herbst, verändert sich aber die Haarstruktur Ihres Hundes. Das Fell wird struppig, matt, oft mit einem deutlichen Rotstich. All dies sind Anzeichen für den bevorstehenden Fellwechsel. Tägliches gründliches Ausbürsten mit einem grobzinkigen Kamm oder Striegel, der auch die Unterwolle mit erfasst, beschleunigt den ganzen Prozess.

Bei Hündinnen ist die Haarung mit der Läufigkeit gekoppelt. Die hormonelle Veränderung im Körper beeinflusst den Fellwechsel. Bei kastrierten Tieren verläuft, unabhängig vom hormonellen Geschehen, der Fellwechsel weniger auffällig: Das ganze Jahr über wird hier abgestorbenes Haar beim Bürsten entfernt. Einige Gaben Bierhefetabletten oder Silicea aus der Homöopathie können den Fellwechsel unterstützen.

Mattes und strohiges Fell zu ungewöhnlicher Zeit und außerhalb des normalen Haarungszyklus können unter Umständen auf einen Mangel an wichtigen Mineralien oder auch auf eine Erkrankung hinweisen. Der Ge-

sundheitszustand Ihres Berners sollte dann vom Tierarzt überprüft werden. Hin und wieder sind in den Sommermonaten Berner mit geschorenem Fell zu sehen. Ich halte dies für eine Unsitte, die nicht nur den Typ eines Berners verfälscht. Gepflegtes, gut gebürstetes Fell lässt die Luft zirkulieren und ist im Sommer wie Winter ein Schutz gegen Umwelteinflüsse und UV-Strahlung. Hunde, die von Natur aus langes Fell haben, sind direkte Sonneneinstrahlung nicht gewohnt und benötigen ihr Haarkleid zur Gesunderhaltung der Haut. Der Vergleich z.B. mit einem Großen Schweizer, der von Natur aus stockhaarig ist, ist nach meiner Meinung hier nicht angebracht, da sich die Fellstruktur unterscheidet.

Augenpflege

Die Augen wischt man täglich mit einem Zellstofftüchlein sauber und reinigt sie von eventuellem Sekret. Dabei immer vom Auge wegwischen!

Bei Autofahrten auf Zugluft achten, diese fördert Entzündungen.

Ohrenpflege

Kontrollieren Sie einmal pro Woche die Ohren Ihres Berners. Verunreinigungen entfernt man mit einem zusammengedrehten Zellstoff- oder weichen Papiertaschentuch. Der Fachhandel bietet hierfür auch eine flüssige Ohrreinigungs-Tinktur an, welche hartnäckiges Ohrenschmalz löst und ab und zu angewendet werden kann.

Wattestäbchen befördern Schmutzteilchen und Ohrenschmalz meist nur noch tiefer in die Ohrmuschel. Sie sollten niemals verwendet werden! Häufiges Ohrschütteln oder Schmerzäußerung bei der Pflege kann ein Zeichen für eine Ohrentzündung sein und bedarf tierärztlicher Kontrolle.

Zahnpflege

Es genügt, einmal pro Woche mit einem groben, jedoch weichen Lappen die Zähne zu reinigen. Im Zoofachgeschäft gibt es Zahnbürsten und Reinigungspaste speziell für Hunde. (Keinesfalls darf man „unsere" Zahncreme und Zahnbürsten verwenden.) Das Kontrollieren und Reinigen der Zähne sollte man schon beim Welpen behutsam üben.

Täglich ein harter Hundekeks oder ein Büffelhautknochen reinigen die Zähne ebenfalls. Achten Sie darauf, dass Ihr Hund keine Steine zum Spielen nimmt. Die Zähne könnten abbrechen oder splittern! Tennisbälle sollten nie zum Spielen genommen werden. Die Zähne Ihres Hundes können sich durch das Material abschleifen und

stumpf werden. Ebenso können Spiele mit Stöcken und Holzästen zu schweren Verletzungen in Hals und Rachen führen. Diese Dinge sind zum Spielen ungeeignet.

Die Milchzähnchen hat Ihr kleiner Berner im Alter von drei bis vier Wochen nach und nach bekommen. Mit drei bis vier Monaten beginnt der Zahnwechsel. Helfen Sie ihm dabei, indem Sie ihm viele Möglichkeiten zum Kauen bieten. Besser als auf Vaters teuren Lederschuhen herumzukauen, sind Büffelhautknochen, Ochsenziemer oder harte Hundekekse. Mit sechs Monaten sind die bleibenden Zähne dann meist durchgebrochen. Kontrollieren Sie während dieser Zeit häufig das Gebiss. Der Hund wird so an die Gebisskontrolle gewöhnt, die bei Ausstellungen oder beim Tierarzt dann komplikationslos vonstatten geht. Das Milchgebiss eines Berners hat übrigens 28 Zähnchen; das bleibende Gebiss besteht aus 42 Zähnen. Kieferanomalien wie Vor- oder Rückbiss können sich noch bis zum neunten Monat entwickeln.

Einmal wöchentlich die Ohren kontrollieren!

Oben: Bürste Striegel, Kamm und Zeckenzange – wichtige Utensilien für die Fellpflege

Links: Üben Sie die Gebißkontrolle schon mit dem jungen Hund.

Pfoten

Nach dem Laufen über groben Untergrund wie Kies, Splitt usw. bitte prüfen, ob sich zwischen den Zehen Teilchen festgesetzt haben. Das schmerzt Ihren Berner sehr.

Meiden Sie in den Sommermonaten heißen Asphalt – Verbrennungsgefahr!

Im Winter müssen die Pfoten nach jedem Spaziergang auf Eisklümpchen untersucht werden. Sie drücken die Zehen schmerzhaft auseinander. Die Haare zwischen den Zehenballen sollten geschnitten werden, damit solche Eisklümpchen sich weniger festsetzen können.

Wege und Straßen, die mit Salz gestreut sind, bitte meiden! Und schützen Sie die Pfotenballen Ihres Berners vor jedem Winterspaziergang durch das Einreiben mit Vaseline.

Krallen

Die Krallen Ihres Berners laufen sich von selbst ab, wenn er auf hartem Untergrund läuft. Sind sie einmal doch zu lang geworden, kann man sie mit einer speziellen Krallenzange kürzen. Gegebenenfalls übernimmt dies auch Ihr Tierarzt oder ein Hundesalon. Rissige Krallen mit Vaseline pflegen!

Geschlechtsteile

Kontrollieren Sie bei Ihrem Rüden hin und wieder den Penis. Eine Vorhautentzündung mit eitrigem Ausfluss tritt häufig auf. Ebenso kann Scheidenausfluss bei der Hündin eine Gebärmutterentzündung anzeigen. Dann besteht für Ihre Hündin Lebensgefahr! Mit einem weißen Papiertaschentuch lassen sich solche Veränderungen erkennen.

Info | Pflegekalender

Täglich: bürsten; Augen auswischen

Wöchentlich: Ohren reinigen; Zähne reinigen; gründlich bürsten; Pfoten kontrollieren

Monatlich: Bett und Liegeplatz auf Flöhe kontrollieren

Vierteljährlich: Wurmkur

Halbjährlich: duschen

Jährlich: Impfung und Gesundheits-Check beim Tierarzt; Zahnkontrolle und evtl. Zahnstein entfernen lassen; dabei auch den Chip überprüfen lassen, ob er noch an der richtigen Stelle sitzt und funktionstüchtig ist.

Baden

Zweimal im Jahr eine Volldusche mit hochwertigem, rückfettendem Spezialshampoo für Hunde schadet Ihrem Berner sicher nicht. Nützen Sie dafür die noch wärmeren Jahreszeiten wie Frühjahr und Herbst. Denn das lange Fell des Berners trocknet langsam und vorsichtiges Fönen wird nicht immer

„Zeigt her eure Pfoten!"

geschätzt. Gründliches Frottieren ist für Ihren Hund jedoch wie Verwöhnen.

Achten Sie beim Duschen darauf, dass keinesfalls Wasser in Augen und Ohren kommt. Am besten ist es, man spart den Kopf ganz aus. Welpen bis zu einem halben Jahr, kranke Tiere, Hunde mit Hautproblemen und tragende Hündinnen haben Duschverbot. Nach der Dusche werden Sie an Ihrem flockigen, flauschigen Berner Sennenhund Ihre Freude haben. Damit das Fell nicht zu stark kräuselt, bürsten Sie Ihren Hund einmal gründlich durch, bevor er ganz trocken ist. Schützen Sie Ihn im nassen Zustand vor Zugluft.

Ein glänzendes Fell, klare Augen, eine freudig wedelnd getragene Rute und ein fröhliches, aktives Wesen – all das sind Anzeichen für einen gesunden Berner Sennenhund. Im täglichen Miteinander werden Sie schnell bemerken, wenn etwas nicht stimmt. Dann sollten Sie Ihren Berner genau beobachten und gegebenenfalls einen Tierarzt aufsuchen.

Vorbeugen

Einen gesunden Berner erkennt man an seinem glänzenden Fell und an seinem aufgeschlossenen, fröhlichen Verhalten. Ein gesunder Berner ist an seiner Umwelt interessiert, er freut sich, wenn Sie nach Hause kommen oder ihn ansprechen. Er nimmt sofort Kontakt auf und kommt schwanzwedelnd auf Sie zu. Sein gewohntes Futter nimmt er gerne an und ist jederzeit zu einem Spaziergang bereit.

Zeigt Ihr Berner auffälliges Verhalten, ist er ständig müde, frisst er schlecht, so kann das auf eine Erkrankung hindeuten, und er gehört in die erfahrenen Hände eines Fachmannes. Nur der Tierarzt kann diese Symptome abklären.

Beobachten Sie Ihren Berner genau. Notieren Sie jede Veränderung im Verhalten, bei den Fressgewohnheiten usw. Der Tierarzt ist auf solche Hinweise angewiesen. Messen Sie bei ungewöhnlichen Merkmalen vorsorglich bei Ihrem Hund Fieber, um auch hier im Vorfeld schon gezielte Hinweise geben zu können. Manche Ereignisse stellen einen Notfall dar und erfordern sofortiges Handeln: Dazu gehören z.B. Insektenstiche im Bereich des Kopfes und des Fanges. Ungewöhnliches Verhalten mit aufgetriebenem Bauch kann auf eine Magendrehung hindeuten und bedeutet für Ihren Hund Lebensgefahr.

Molly ist nur müde!

Bei diesen Symptomen sofort zum Tierarzt!

> Fieber über 39 °C
> nicht zu stillende Blutungen
> Krampfanfälle
> anhaltende Lahmheit
> Insektenstiche mit starken Schwellungen
> geblähter Bauch, Würgen ohne zu erbrechen
> Kreislaufprobleme
> Wärmestau, Hitzschlag
> Fremdkörper in Maul oder Darm
> starker Durchfall oder Verstopfung
> alle Augenverletzungen
> Kratzen am Ohr, verbunden mit ständigem Kopfschütteln
> merkwürdiger, schaukelnder Gang („Wobbeln")
> auffallend blasse Schleimhäute im Maul

Verkrampfter Rücken bzw. Bauch bei stocksteifem Stehen – Ihr Hund will sich nicht bewegen oder hinlegen – kann auf eine Gaskolik deuten. All dies sind akute Anzeichen einer Erkrankung und gehört sofort vom Tierarzt behandelt. Unsere Hunde können uns leider nicht mitteilen, wo es zwickt und sind auf unsere Vorsicht und unser Mitdenken angewiesen. Zögern Sie daher bei allen unklaren Krankheitsbil-

Info   Gesundheitscheck

> Frisst Ihr Hund normal?
> Trinkt er ausreichend, in normaler Menge?
> Ist er munter und aufnahmefähig?
> Kann er normal Kot absetzen?
> Uriniert er normal?

dern nicht mit dem Besuch beim Tierarzt. Nicht bei allen Erkrankungen lässt sich vorbeugend etwas tun, aber seinen Hund gesund zu ernähren, ihn zu pflegen und soziale Fürsorge zu treffen, sind wichtige Punkte, um ihn gesund zu halten.

Ektoparasiten

Flöhe

Flöhe sind wahre Artisten und Meister im Weitsprung. Beim Waldspaziergang reicht bereits ein kurzer Kontakt mit einem Igel oder anderen Tier und – schon hat sich Ihr Hund einen Mitbewohner eingefangen. Da Flöhe nur 1 bis 2 mm groß sind, sieht man sie selten. Anzeichen sind immer, wenn der Hund sich anhaltend kratzt und beim Kämmen mit einem Flohkamm der Flohkot aus dem Fell fällt: kleine schwarze Krümel, die, in Wasser verrieben, rot werden.

Einen guten Schutz bieten die im Fachhandel erhältlichen Flohhalsbänder. Liegeplätze und Lager werden immer gut abgesaugt und bei Befall ebenfalls mit Flohspray behandelt. Hervorragend zur Reinigung bei Flohbefall geeignet sind die modernen Dampfreiniger. Besteht begründeter Verdacht auf Flohbefall, sollte immer auch eine Wurmkur verabreicht werden. Denn der Floh ist leider auch ein Zwischenwirt für den Bandwurm.

Läuse und Haarlinge

Wenn diese kleinen Blutsauger es sich im Fell Ihres Hundes bequem gemacht haben und richtige Kratzanfälle bei ihm auslösen, können Flohmittel helfen. Auch spezielle Shampoos gegen Ungezieferbefall werden im Zoofachhandel angeboten.

Kontrollieren Sie das Fell reglemäßig und entfernen Sie Zecken möglichst sofort!

Zecken und Flöhe gehören zu den häufigsten Parasiten.

Milben

Milben ernähren sich von Hautschuppen und sind auf fast allen Lebewesen zu finden. Auffällig werden sie fast nur, wenn sie sich aus den verschiedensten Ursachen zu stark vermehren können. Eine mikroskopische Untersuchung ist nötig, um die Milben zu identifizieren. Die Behandlung ist schwierig.

Herbstgrasmilben

Wie ihr Name schon andeutet, treten sie gehäuft im Herbst auf, sitzen im Gras und verursachen an Pfoten und Ballen und an den Innenseiten der Oberschenkel Rötungen und starken Juckreiz. Emulsionen, vom Tierarzt verordnet, bringen Linderung.

Floh

Laus

Zecken

vollgesaugt

leer

Haarbalgmilbe

Gesunde Welpen wollen
ihre Kräfte messen.

Demodikose

Die Erkrankung wird durch Demodex-Milben verursacht. Diese Milbenart sitzt in den Haarbälgen und ernährt sich von Hautschuppen. Sie tritt meist am Kopf und um die Schnauze herum auf. Kreisrunder Haarausfall ist die Folge. Die lokale Form der Demodikose kann über die Mutterhündin auch auf die Welpen übertragen werden.

Eine schwere Form dieser Erkrankung ist die generalisierte Demodikose: Sie schädigt die Haut schwer und befällt, vom Kopf ausgehend, den ganzen Körper. Ursache dafür ist meist ein gestörtes Immunsystem. Eine spezielle Behandlung ist nötig und meist sehr langwierig. In schweren Fällen ist eine Hilfe oft nicht mehr möglich.

Zecken

Der Gemeine Holzbock ist die in Europa am weitesten verbreitete Zeckenart. Sie lauert vor allem in Nadel-Mischwaldbeständen mit viel Unterholz und in dichten Graszonen sowie auf Büschen und Hölzern. Er saugt sich in der Haut des Hundes fest und lässt von selbst erst wieder los, wenn er mit Blut vollgesogen ist. Die Zeckenaktivität beginnt bereits im März und endet oft erst im November. Die Meinung, dass Zecken sich von den Bäumen fallen lassen, ist nicht richtig: Die Zecke sitzt im Gras und im Gebüsch und wartet hier auf das Wirtstier, um sich festzuklammern. Entfernen Sie die lästigen Blutsauger möglichst bald, indem Sie mittels einer Zeckenzange tief unten am Kopf des Tieres fassen und es vorsichtig mitsamt dem Kopf herausdrehen.

Die Zecke ist der Überträger der FSME (Frühsommermeningoenzephalitis), einer Viruserkrankung, die einer Form der Gehirnhautentzündung ähnelt. Das Virus der FSME wurde immer häufiger im Hundeblut nachgewiesen. Krampfanfälle können die Folge sein. Außerdem ist die Zecke auch der Überträger der Borreliose. Eine Infektion zeigt sich mit den unterschiedlichsten Symptomen: unerklärliche Fieberanfälle, Schluckbeschwerden, Schmerzen in der Vor- und Hinterhand können Anzeichen sein. Die Diagnose wird anhand einer Blutuntersuchung erstellt, die Behandlung erfolgt mit hochdosierten Antibiotika. Unbehandelte Borrelieninfektionen können zu schweren Nierenschäden, Schädigung des Rückenmarks, des zentralen Nervensystems, der Haut und des Herzens führen. Unsere immer wärmer werdenden Sommer haben dazu geführt, dass im-

Und Welpen wollen natürlich spielen.

mer mehr Zeckenarten, die sonst nur in südlicheren Gefilden zu finden waren, auch bei uns heimisch werden. Neben dem Gemeinen Holzbock spielt auch die Auzecke bei uns bereits eine Rolle. Sie ist durch ihr marmoriertes Rückenschild zu erkennen. Auzecken sind vor allem als Überträger der Babesiose bekannt.

Die Braune Hundezecke wird oft aus südlichen Ländern, z.B. dem Mittelmeerraum, als Reisesouvenier eingeschleppt und kann sich in unseren geheizten Wohnungen vermehren. Wenn in den kalten Wintermonaten am Hund Zecken entdeckt werden, kann dies ein Hinweis auf die Braune Hundezecke sein. Sie kann Ehrlichiose und Babesiose auf den Hund übertragen, beides lebensbedrohliche Erkrankungen.

Endoparasiten

Spulwürmer

Muttertiere und Welpen sind häufig davon betroffen. Jedoch können auch andere Hunde mit Wurmeiern infiziert sein. Anzeichen sind Appetitlosigkeit, Mattheit oder auch Heißhunger. Zu Ihrer eigenen Sicherheit sollten Sie mit Ihrem Hund regelmäßige Wurmkuren nach den Anweisungen des Tierarztes durchführen.

Hakenwürmer

Sie ähneln im hervorgerufenen Krankheitsbild den Spulwürmern und müssen ebenso behandelt werden.

Bandwürmer

Sie können eine ernsthafte Gesundheitsgefahr darstellen, da sie auf den Menschen übertragbar sind. Regelmäßige Wurmkuren sind also auch Gesundheitsvorsorge im eigenen Interesse. Bandwurmglieder werden mit dem Kot ausgeschieden und sind so sichtbar.

Tipp | Gesundheitsvorsorge

Regelmäßiges Impfen ist selbstverständlich. Genauso muss bei Ihrem Berner drei- bis viermal jährlich eine Wurmkur durchgeführt werden. Dies ist auch zu Ihrem eigenen Schutz wichtig. Zecken und Flöhe müssen ständig wirksam bekämpft werden. Dazu gehört auch das Absuchen nach den ungeliebten Blutsaugern, wenn Sie in befallenen Gebieten unterwegs waren.

Eine Voraussetzung für den Hundesport sind gesunde Gelenke.

Tipp Impfpass

Der Impfpass mit der jährlich eingetragenen Tollwutimpfung muss bei Fahrten ins Ausland immer mitgeführt werden und ist auch beim Ausstellungsbesuch vorzulegen.

anzeigen. Welpen sterben meist daran. Mit der jährlichen Vorsorgeimpfung sind die Hunde geschützt.

Parvovirose

Eine gefährliche, ansteckende Viruserkrankung, die in kürzester Zeit ganze Würfe sterben lässt. Blutiger, wässriger Durchfall, Appetitlosigkeit und Teilnahmslosigkeit sind die Anzeichen. Hier heißt es schnellstens zu handeln, um noch eine geringe Überlebenschance zu nützen.

Impfungen in der 7. bis 8.Woche und die Wiederholungsimpfung in der 12. Woche sind daher lebenswichtig.

Leptospirose

Dies ist eine Infektion mit Bakterien. Leptospiren finden sich häufig in stehenden Gewässern – dort, wo auch Bisamratten zu finden sind. Die jährliche Impfung schützt den Hund.

Staupe

Eine fiebrige, ansteckende Infektionskrankheit. Anzeichen sind Erbrechen, Husten, Ausfluss aus Augen und Ohren. Die Impfung gegen Staupe gehört zur jährlichen 5-fach-Impfung.

Zwingerhusten

Eine häufige Ansteckungsquelle sind Hundeplätze und Ausstellungen. Lassen Sie sich den Spaß an diesen Aktivitäten dadurch nicht verdrießen. Eine Impfung schützt Ihren Hund zuverläs-

Infektionskrankheiten

Hepatitis

Hier handelt es sich um eine ansteckende Leberentzündung. Bei älteren Tieren können alle Symptome einer schweren Erkältung mit Fieber diese Erkrankung

Info Impfkalender

Alter	Impfung gegen
8. Woche	Grundimmunisierung gegen Staupe, Hepatitis, Leptospirose, Parvovirose (SHL + P)
13. Woche	Wiederholungsimpfung gegen SHL + P; Erstimpfung gegen Tollwut
1 Jahr später	SHL + P, Tollwut
Jährlich wiederholen	Parvovirose, Leptospirose,
Je nach Impfstoff (alle 3 Jahre)	Tollwut
Alle 2 Jahre wiederholen	Hepatitis, Staupe

Hier wird die Vorhand belastet und die Balance trainiert.

sig. Die Erkrankung äußert sich ähnlich wie bei Kindern der Keuchhusten und kann langwierig sein.

Tollwut

Dies ist eine Viruserkrankung von Wildtieren, die auf unsere Hunde übertragen werden kann. Die Tollwut ist eine tödliche, auf Menschen übertragbare, schon bei Berührung von infizierten Tieren ansteckende Erkrankung. Die Impfung ist gesetzlich gefordert.

Die Wissenschaft arbeitet an verschiedenen Impfseren und -schemata, besonders die Parvovirose betreffend. Bitte sprechen Sie daher das beste Impfprogramm für Ihren Hund mit dem Tierarzt ab. Mittlerweile ist für Tollwut ein Impfstoff erhältlich, der nur noch eine Auffrischungsimpfung alle drei Jahre nötig macht. Dies wird im Impfpass vermerkt.

Erbkrankheiten

Hüftgelenksdysplasie

Wie bei allen großen und schnellwüchsigen Rassen ist auch bei Berner Sennenhunden eine Hüftgelenksdysplasie (HD) möglich. Eine genetische Disposition ist dafür erforderlich. Jedoch können übermäßige Belastungen im ersten Lebensjahr und Ernährungsfehler diese Erkrankung begünstigen.

Von HD spricht man, wenn der Gelenkkopf des Oberschenkels nicht fest in der Hüftpfanne sitzt und von dieser gehalten wird – ähnlich einem Kugelkopf im Lager. Bei schwerer HD ist die Hüftpfanne oft gar nicht ausgeformt oder abgeflacht. Jede Bewegung bereitet dem Hund Schmerzen; schmerzfreies Laufen ist nicht möglich. Eine HD lässt sich gesichert nach dem Abschluss des Knochenwachstums, frühestens ab dem 12. Lebensmonat, durch Röntgen

Beim Familienausflug ist der Berner immer dabei.

erkennen. Für alle Zuchttiere fordern die Vereine in Deutschland eine Röntgenauswertung. Diese muss von einem bestätigten Gutachter ausgewertet werden. Die Erteilung der Zuchterlaubnis unterscheidet sich in den Vereinen.

Um HD-Probleme beim Berner Sennenhund nicht zu fördern, sollten Sie mit dem Kleinen im ersten Lebensjahr nicht radfahren, nicht joggen, keine langen Spaziergänge machen und ihn nicht zu viele Treppen steigen lassen. Ein kleiner Berner ist überfordert, wenn er sich beim Spaziergang freiwil-

Info	Stufen der HD	
Stufe	**Befund**	**Zucht erlaubt?**
HD-A	HD-frei	Ja
HD-B	HD-Verdacht	Ja
HD-C	HD-leicht	Mit Einschränkungen
HD-D	HD-mittel	Nein
HD-E	HD-schwer	Nein

lig hinlegt und inaktiv wird. Legen Sie dann auf jeden Fall eine Pause ein, oder brechen Sie die Aktivitäten sofort ab.

Solange es möglich ist, tragen Sie den Welpen die Treppen hoch! Muskeln, Sehnen, Bänder und das Skelett brauchen Zeit, um sich festigen zu können. Das ist meist nach dem ersten Lebensjahr der Fall. Bis dahin sollten auch glatte Böden im Haus mit Teppichen ausgelegt werden. Beim Spielen mit anderen Hunden allzu wildes Toben vermeiden! Dann kann Ihr Hund Sie bei allen Unternehmungen begleiten. Die konsequenten Zuchtstrategien in den Vereinen, die bei HD-belasteten Tieren bis zum Zuchtausschluss führen, haben die gesundheitlichen Probleme bei HD zurückdrängen können. Da aber HD nicht nur auf genetische Vererbung, sondern auch auf Fütterungs- und Haltungsfehler zurückzuführen ist, kann diese Erkrankung immer wieder auftreten. HD kann, wie bereits erwähnt, gesichert erst nach dem ersten

Lebensjahr durch Röntgen festgestellt werden. Für viele Bernerbesitzer bedeutet nun ein HD-Befund das „Aus" für viele Aktivitäten, die Hund und Mensch Freude bereiten.

Dabei ist gerade für Hunde mit HD-Problemen angepasste, maßvolle Bewegung wichtig. Gezielter kontrollierter Muskelaufbau ist ratsam, denn straffe Muskulatur gibt dem Gelenk halt, kann wichtige Funktionen übernehmen und die Hüfte entlasten.

Der tägliche Spaziergang, leichte Fährtenarbeit, Schwimmen und Suchspiele trainieren Körper und Kopf und lasten Ihren Hund aus. Sportarten, die auf Wendigkeit, Schnelligkeit, extreme Sprünge wie Hürdenlauf aufgebaut sind, sollte man dagegen meiden.

Bedenken Sie außerdem: besonders Hunde mit eingeschränkten Bewegungsmöglichkeiten benötigen als Ausgleich Arbeit für den Kopf. Ihre Aktivität sollte in ruhigere Bahnen gelenkt, doch keinesfalls unterbunden werden.

Ellbogendysplasie

Unter dem Begriff Ellbogendysplasie (ED) werden verschiedene Krankheitsbilder zusammengefasst. Dazu gehören artrothische Veränderungen, Stufenbildung in Elle und Speiche, oder Knorpelablösungen im Gelenk. Längere Lahmheiten in der Wachstumsphase müssen unbedingt vom Tierarzt abgeklärt werden. ED kann für den Hund sehr schmerzhaft sein, da die Vorhand ca. 70% der gesamten Körperlast trägt. Eine Röntgenaufnahme unter den glei-

chen Bedingungen wie für die HD-Auswertung ist für eine Zuchtzulassung erforderlich.

Entropium

Ihr Hund hat ständig gerötete Augen, das Augenlid stülpt sich nach innen und verursacht durch ständiges Reiben Schmerzen. Unbehandelt kann diese Erkrankung zur Erblindung führen. Für den Tierarzt bedeutet die Behandlung einen kleinen chirurgischen Eingriff, für die Zucht mit Ihrem Berner Sennenhund leider ein „Aus".

Ektropium

Der Lidschluss des Auges ist zu lose; ständige Augenentzündung kann die Folge sein. Auch dies bedeutet, dass man keine Zuchterlaubnis erhält.

Info	Stufen der ED	
Stufe	**Zucht erlaubt?**
ED-frei	Ja
ED-belastet	Mit Einschränkungen

Gesunde Gelenke vorausgesetzt, sind Sprünge kein Problem.

Weitere Erkrankungen

Ekzeme

Ekzeme und auch der sogenannte Hotspot können gelegentlich beim Berner auftreten. Die Haut juckt und ist mit kleinen Pickelchen bedeckt. Die Stelle bricht mitunter zu einer großen Wundfläche auf und riecht übel. Fütterungsfehler sind hier oft die Ursache. Es können aber auch Zeckenbisse und Flohallergien die Ursache sein. Die Behandlung ist Sache eines Tierarztes. Vitaminreiche Ernährung kann unterstützend helfen.

Epilepsie

Dies sind Krampfanfälle, die verschiedene Ursachen haben können. Manchmal kündigen sich solche Anfälle vorher durch ungewöhnlich hektisches Verhalten an. Beim Berner sind epileptische Anfälle glücklicherweise eher selten. Der Tierarzt kann helfen.

Ohrentzündung

Sie kann bei Hunden mit Hängeohren etwas häufiger vorkommen als bei stehohrigen Rassen. Vorsorge treffen Sie mit der wöchentlichen Reinigung des Ohres. Eine Erkrankung des Ohres erkennen Sie, wenn Ihr Hund ständig den Kopf schüttelt, diesen schief hält oder sich häufig am Ohr kratzt. Im Ohrinneren hat sich dunkles, übelriechendes Sekret gebildet. Reinigen Sie das Ohr vorsichtig mit einem Zellstofftuch. Calendula-Salbe hat hier schon gut geholfen. Wenn Ihr Hund deutliche Schmerzen bei der Behandlung hat oder nach drei Tagen keine Besserung eingetreten ist, unbedingt den Tierarzt aufsuchen!

Maligne Hystiozytose

Dies ist eine besonders bösartig verlaufende Krebsart, die vermutlich mit einer Schwächung des Immunsystems in Zusammenhang steht. Erste Anzeichen sind Fressunlust, Mattigkeit und weiße Schleimhäute; die ersten Symptome ähneln denen der Leukämie. An den inneren Organen bilden sich schnell wachsende Tumore. Häufig betroffen sind Nieren, Lunge, Milz und Herz. Der Hund verfällt sehr rasch und ist nicht zu retten.

Lieber öfter mal kontrollieren! Ohrentzündungen sind sehr schmerzhaft.

Weltweit arbeiten Berner Sennenhund-Vereine und länderübergreifende Arbeitskreise an der Erforschung der Malignen Hystiozytose und man hofft auf einen Durchbruch in den nächsten Jahren. Es wird eine genetische Veranlagung vermutet, jedoch ist der Erbgang noch weitgehend unbekannt.

Eine zweite Form dieser Erkrankung ist die Systemische Hystiozytose. Hier kann der Krebs über Jahre im Körper des Hundes schlummern, bis er ausbricht. Er entwickelt sich über das Zellsystem der Haut; der Verlauf ist weniger aggressiv, führt aber auch hier zum Tod.

Karies

Um Karies zu verhüten, lässt man Zahnstein vom Tierarzt entfernen. Vorbeugend kann man außerdem mit klarem Wasser und einem rauhen Frotteetuch das Gebiss reinigen. Es gibt auch spezielle Zahnbürsten für Hunde. Das Nagen an Büffelhaut-Kauknochen hilft ebenfalls, der Zahnsteinbildung vorzubeugen.

Notfälle

Hitzschlag

Die Überhitzung in der warmen Jahreszeit ist bei unseren langhaarigen Hunden eine nicht zu unterschätzende Gefahr. Schwüles und heißes Wetter vertragen Berner Sennenhunde sehr schlecht. Vermeiden Sie daher alle Anstrengungen in der heißen Sommerzeit! Gehen Sie frühmorgens oder spät am Abend mit Ihrem Hund spazieren.

Sind Autofahrten nicht zu vermeiden, hilft für kurze Strecken ein nasses T-Shirt, das Sie Ihrem Hund überziehen. Die Verdunstungskälte bringt Kühlung. Lassen Sie Ihren Hund im Sommer nie im Auto zurück. Denken Sie daran, dass die Sonne wandert. Besteht der Verdacht auf Hitzschlag, bringen Sie Ihren Hund sofort in den Schatten. Pfoten, Bauch und Kopf mit nassen, kühlen Tüchern abdecken! Niemals dürfen Sie ihn mit eiskaltem Wasser übergießen. Dies würde einen Kreislaufkollaps zur Folge haben. Bringen Sie ihn sofort zum Tierarzt. Bis zum Eintreffen weiter kühlen.

Die heiße Mittagszeit wird oft an einem kühlen Platz verschlafen.

Kreuzbandriss

Hierbei handelt es sich um einen Abriss der haltenden Bänder im Kniegelenk. Probleme beim Aufstehen, plötzliche Lahmheit, Schmerzen beim Treppensteigen sind typische Symptome. Eine Operation ist erforderlich und sollte schnell erfolgen. Es gibt verschiedene Methoden.

Magendrehung

Heftige Bewegungen nach dem Fressen oder auch übermäßiges Trinken, wenn der Hund erhitzt ist, kann bewirken, dass der Magen des Hundes sich um die eigene Achse dreht. Dadurch wird die Blutzufuhr abgeschnürt. Verdauungsgase können nicht mehr abgehen, der Magen bläht sich auf und drückt auf Nerven und Gefäße. Der Hund befindet sich in einer lebensbedrohlichen Situation. Der Leib des Hundes bläht sich auf, er speichelt und würgt, ohne erbrechen zu können. Nur eine schnellstens durchgeführte Notoperation kann das Leben des Hundes retten.

Vorbeugend sollte der Hund nach dem Fressen mindestens eine Stunde ruhen. Die doch relativ großen Portionen der Berner Sennenhunde gibt man vorsorglich auf zwei Mahlzeiten verteilt, morgens und abends.

Knochenbrüche

Sie sind die Folge von Autounfällen oder Stürzen. Vorsicht – der Hund könnte vor Angst beißen, da er große Schmerzen hat. Sie sollten den Hund unbedingt an die Leine nehmen, er ist nach einem Unfall völlig verstört und könnte weglaufen! Verständigen Sie den Tierarzt, dann schützen Sie den verletzten Körperteil vorsichtig und transportieren den Hund möglichst liegend. Reden Sie beruhigend auf Ihren Hund ein.

Vergiftungen

Sie werden oft durch Rattengift, Pflanzenschutzmittel usw. verursacht und enden häufig tödlich. Bei jedem Verdacht sofort zum Tierarzt gehen, hier kann Zeit Leben retten! Bitte nehmen Sie Reste des vermuteten Giftes, Verpackungen und Erbrochenes mit.

Achten Sie bei Arbeiten mit Chemikalien in Haus und Garten darauf, dass Sie Ihren Hund nicht durch Unachtsamkeit gefährden. Bei vielen Vergiftungen spielen auch unsere Pflanzen in Haus und Garten eine große Rolle. Es ist ein oft weitverbreiteter Irrtum, dass Hunde eine Fresshemmung gegenüber giftigem Grünzeug haben. Deshalb Nase und Pfoten weg von Oleander, auch Hundsgift genannt. Oleander enthält das Herzgift Oleandrin. Maiglöckchen, Aronstab, Tollkirsche und Rhododendron sind für Hunde genauso gefährlich wie für Menschen. Goldregen und Buchsbaum sind giftig. Mistelzweige, die zur Weihnachtszeit oft in den Wohnungen hängen, können bei Hunden, wenn Teile verzehrt werden, zu Vergiftungen führen. Dieffenbachie, Flamingoblume, Alpenveilchen, Monstera, Gummibaum und Birkenfeige sind nicht unbedenklich und sollten nicht erreichbar für Hunde sein. Symptome sind oft Erbrechen, Durchfall, starkes Speicheln, Zittern und Herzrhythmusstörungen.

Die bei Menschen so geschätzte und geliebte Küchenzwiebel sowie Knoblauch im Übermaß kann bei Hunden die roten Blutkörperchen auflösen. Dem Hund fehlen die Enzyme, um die enthaltenen Schwefelverbindungen abzubauen.

Diese Aufzählung kann nicht vollständig sein. Denken Sie auch an Blumensträuße, die giftige Pflanzen enthalten können und halten Sie Ihre Hunde von allen Zimmerpflanzen fern!

Links oben: Kleine Verletzungen kann man selbst verbinden.

Darunter: Medikamente werden mit einer Plastikspritze in die Lefzen geträufelt

Eine Abkühlung an heißen Tagen tut dem Berner gut.

> Die Atemwege müssen freigehalten werden. Ziehen Sie dazu die Zunge des Tieres aus dem Maul. Der Rachenraum muss von Blut oder Sekret befreit werden.
> An der Innenseite des Oberschenkels fühlt man den Puls. Die normale Frequenz ist 70 bis 120 Schläge pro Minute.
> Setzt die Atmung aus, dann beginnt man mit künstlicher Beatmung. Man schließt dabei das Maul des Hundes und bläst beim Ausatmen Luft über die Nasenlöcher des Hundes in seine Lunge (etwa 8mal pro Minute).
> Den Herzschlag fühlt man auf der linken Seite des Brustkorbes in Höhe des Ellbogengelenkes. Dabei immer beruhigend auf das Tier einwirken!

Alternative Heilmethoden

Alternative Heilmethoden erfreuen sich in unserer technisierten Umwelt wachsenden Interesses; die Suche nach natürlichen Heilverfahren wird immer intensiver. Hilft diese Behandlungsmöglichkeit auch bei unseren Bernern? Erstaunlicherweise wird bei unseren Hunden von sehr guten Heilerfolgen berichtet! Dabei sind die Therapieerfolge sicher ein Beweis für die Wirksamkeit der alternativen Verfahren, denn Suggestion kann man beim Hund ausschließen.

Die Grundlage für homöopathische oder andere naturheilkundliche Anwendungen ist immer eine Untersuchung durch den Tierarzt sowie seine gesicherte Diagnose. Naturheilmittel können einen Heilungsprozess

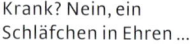
Krank? Nein, ein Schläfchen in Ehren ...

wirksam unterstützen. Der Weg zum Tierarzt ist aber nach wie vor unumgänglich. Ein Arzt, der auch Naturheilverfahren anwendet, ist dabei der richtige Partner.

Daneben können sogenannte Befindlichkeitsstörungen und Verhaltensauffälligkeiten wie Schreckhaftigkeit, Gewitterangst, Aggressionen, Scheinträchtigkeit, übersteigerter Sexualtrieb beim Rüden usw. mit alternativen Heilmethoden mit gutem Erfolg behandelt bzw. positiv beeinflusst werden.

Info | Hausapotheke

> Die Telefonnummer des nächstgelegenen Tierarztes/Tierklinik (mit Tag- und Nachtbereitschaft)
> Fieberthermometer mit digitaler Anzeige
> Pinzette
> Pipette zum Einträufeln von Medikamenten
> Verbandsmaterial, auch für Druckverbände: elastische Binde, Pflaster, Schere, Klebeband
> Vliestuch als Beatmungstuch
> Dreieckstuch, um einen Notfallmaulkorb herzustellen
> Einmalhandschuhe
> Vaseline
> Schmerzmittel, am besten als Zäpfchen
> Durchfallmittel
> Kreislaufmittel aus der Homöopathie, z.B. Crataegus
> Mittel zur Wundreinigung und -desinfektion
> Kühlgel oder Retterspitz für Umschläge

Erste-Hilfe- oder Verbandskästen für Hunde werden auch komplett im Handel angeboten.

Tipp | Vorher üben

Messen Sie bei Ihrem gesunden Hund einmal Fieber und fühlen Sie den Puls, um für den Ernstfall Vergleichswerte zu haben.

Erste Hilfe

Eine Katze oder ein anderer Hund auf der gegenüberliegenden Straßenseite können schon der Grund sein, warum Ihr Berner Ihnen den Gehorsam verweigert und sich losreißt. Autofahrer haben in solchen Fällen meist keine Chance mehr, rechtzeitig zu bremsen.

Wenn Ihr Berner in solch eine Situation kommt, ist das oberste Gebot, Ruhe zu bewahren. Handeln Sie jedoch überlegt und schnell. Der Hund muss sofort angeleint werden. Im Schockzustand reagieren auch die liebsten Hunde überraschend und unerwartet. Schützen Sie sich selbst vor Bissen. Schmerzreaktionen im Schockzustand sind normal. Wenn der Hund laufen kann, sprechen Sie beruhigend auf ihn ein. Der nächste Weg sollte zum Tierarzt führen. Bleibt das Tier liegen und reagiert nicht, dann überprüfen Sie bitte die Vitalfunktionen Ihres Hundes. In diesem Falle sollte eine zweite Person bereits den Tierarzt verständigen. Transportieren Sie den Hund so schnell und so schonend wie möglich zum Tierarzt. Er wird so vorsichtig wie irgend möglich auf eine Decke oder ein Brett gelegt und von zwei Personen getragen, wenn kein Tierarzt zur Unfallstelle kommt. Besteht Verdacht auf Knochenbrüche, müssen diese Körperteile mit Kissen möglichst weich abgepolstert und dabei gleichzeitig fixiert werden. Handeln Sie in allen Notfällen ruhig, schnell und überlegt.

Ein Veteran mit Ausstrahlung

Unser Berner wird alt

Irgendwann zwischen dem 7. und 8. Lebensjahr Ihres Berners entdecken Sie die ersten grauen Haare um die Schnauze Ihres treuen Begleiters. Hatten Sie nicht erst kürzlich gedacht, wie manierlich und wohlgesittet sich Ihr Vierbeiner benimmt? Fast unmerklich ist aus dem übermütigen Lausbuben ein ruhiger und gelassener Sennenhund geworden. Gefestigt und unverwechselbar im Wesen, ist aus unserem Vierbeiner ein zuverlässiger Begleiter geworden.

Genießen Sie die gemeinsame Zeit des Verstehens und Vertrauens mit Ihrem Hund: Eine Handbewegung, ein Blick, eine Geste – Ihr Berner versteht Sie auch ohne Worte. Langsam beginnt nun die Zeit des Alterns. Auch in dieser Zeit seines Lebens und besonders jetzt hat er Ihre Aufmerksamkeit und Fürsorge verdient. Achten Sie besonders darauf, dass sein Lager vor Zugluft geschützt ist. Nässe und Feuchtigkeit müssen abgehalten werden. Ihren Hund könnte schon Rheuma plagen. Gönnen Sie ihm Ruhe, wenn er sie benötigt. Statt eines großen Spazierganges geht man jetzt zwei- oder dreimal eine kleine Runde mit ihm. Bemerken Sie bei Ihren täglichen Runden, dass Ihr Hund schwerer atmet als noch vor Monaten, dann lassen Sie beim Tier-arzt das Herz untersuchen. Ein EKG bringt Klarheit. Auch bei unseren Hunden wird hin und wieder ein sogenanntes Altersherz festgestellt. Mit Medikamenten kann gut geholfen werden. Die Ernährung ändert sich im Alter: die täglichen Portionen werden wieder mit Joghurt, Quark, Buttermilch oder Hüttenkäse ergänzt. Die tägliche Futtermenge gibt man wieder in zwei bis drei Portionen. Der alte Hund benötigt auch mehr Kalzium. Zahnpflege und Fellpflege dürfen nicht vernachlässigt werden. Vielleicht muss der Tierarzt auch einmal den Zahnstein entfernen. Er könnte der Grund sein, warum Ihr Hund schlecht aus dem Maul riecht. Ein gepflegter alter Berner mit glänzendem Haarkleid strahlt Würde aus. Doch irgendwann setzen die Beschwernisse seines Alters Ihrem Berner so zu, dass keine Linderung mehr möglich ist. Er leidet unter ständigen Schmerzen. Eventuell tritt auch eine Krankheit auf, für die es keine Hilfe gibt. Dann kommt unweigerlich der Tag des Abschiednehmens. Ihr Hund hat es verdient, dass Sie auch diesen letzten Gang mit ihm gemeinsam gehen. Manche Tierärzte sind auch bereit, zu Ihnen nach Hause zu kommen, und Ihr Berner darf dann in seiner gewohnten Umgebung in Ihren Armen einschlafen. Das Leiden seines Hundes aus egoistischen Gründen zu verlängern, weil man meint, noch nicht Abschied nehmen zu können, ist grausam. Jeder Berner ist und bleibt ein einmaliges Wesen. Aber etwas vom Wesen Ihres alten Hundes werden Sie vielleicht auch in dem jungen Tier wiederfinden, das dann bei Ihnen ein gutes Zuhause finden darf. Somit beginnt wieder der Start in ein hoffentlich glückliches, fröhliches Hundeleben. Sie sollten jedenfalls alles dafür tun.

Sicherheit

Vorsicht ist geboten

Alle diese Notfälle lassen sich durch entsprechende Vorsicht vermeiden. Als Berner Sennenhund Besitzer müssen Sie weise Voraussicht walten lassen und rasch reagieren können, schneller, als Ihr Hund sich bewegen kann.

Hundebegegnungen

Beobachten Sie Ihren Hund, um Raufereien zu vermeiden, und nehmen Sie ihn
an die Leine, falls er unverträglich mit anderen Hunden ist und ohne Leine läuft.

Allein im Auto

Lassen Sie Ihren Hund nie in einem heißen Auto warten, auch nicht für kurze Zeit. Bei großer Hitze ist es besser, den Hund zu Hause zu lassen.

Pflanzen

Bringen Sie alle giftigen Pflanzen außer Reichweite Ihres Hundes, besonders wenn er jung ist. Lassen Sie Ihren Hund nicht allein im Garten, ohne ihn zu beobachten.

Straßenverkehr

Lassen Sie Ihren Berner in der Nähe von Autoverkehr niemals unangeleint, auch wenn er noch so brav ist.

Reinigungsmittel

Räumen Sie alle Reinigungsmittel und anderen giftigen Substanzen weg, und verschließen Sie sie unerreichbar in einem Schrank.

Berner Sennenhunde gelten als gelehrige Hunde. Doch auch sie bekommen ihr gutes Benehmen nicht in die Wurfkiste gelegt. Um einen angenehmen Begleiter zu bekommen, sollten Sie früh mit der Erziehung beginnen. Sie werden sehen, wieviel Freude die gemeinsame Arbeit macht und wie gern Ihr Berner zusammen mit Ihnen lernt.

Den Namen lernen

„Dem Hunde, wenn er gut erzogen, ist auch der strengste Mann gewogen", meinte schon Dichtervater Johann Wolfgang von Goethe. Die Schweizer Bauern dachten in der damaligen Zeit allerdings, ein Dürrbächler bräuchte nicht extra erzogen zu werden, der käme schon erzogen zur Welt. Für frühere Zeiten mag dies wohl genügt haben. Die heutige Zeit stellt andere Anforderungen an unsere Hunde. Eine gute Erziehung ist daher unerlässlich geworden.

Damit Ihr Berner weiß, was Sie von ihm wollen, muss er Sie auch verstehen lernen. Unsere vielen Laute und Worte werden den kleinen Hund anfangs sehr verwirren.

Mustergültig bleibt Molly im Platz.

Zuerst ist es daher wichtig, dass er seinen Namen kennenlernt. Sprechen Sie Ihren Welpen immer mit seinem richtigen Namen an. Vermeiden Sie, wenigstens vorerst, Kosenamen. Ihr kleiner Hund lernt sehr schnell, wer mit dem bestimmten Wort gemeint ist. Sagen Sie immer den Namen und den jeweiligen Befehl, beispielsweise „Bäri – HIER". Ich halte das Kommando HIER für einen der wichtigsten Befehle in der Hundeerziehung. Bei Gefahrensituationen muss dieser Befehl sicher und sofort ausgeführt werden. Wie lernt Ihr Berner das nun?

Die Grundkommandos

HIER oder KOMM

Eine für Ihren Hund fremde Hilfsperson ist in diesem Fall sehr von Vorteil. Der Helfende hält Ihren Welpen sanft unter der Brust fest. Die Vorderpfötchen sollten dabei minimal über dem Boden sein – somit ist der erste Sprung schon vorprogrammiert.

Sie selbst halten ein Leckerli als Lockmittel in der Hand und lassen den Kleinen daran riechen. Daraufhin entfernen Sie sich schnellen Schrittes fünf bis sechs Meter. Das ist für den Anfang

Tipp | HIER

Nützen Sie jede Situation, wenn Ihr Hund sowieso zu Ihnen gelaufen kommt, zum Einüben des HIER. Rufen Sie ihn z. B. heran, wenn Sie den Futternapf hinstellen. Auf diese angenehme Weise kann er sein Kommen mit dem Kommando HIER verknüpfen.

genug. Drehen Sie sich um und gehen Sie in Hockstellung. Halten Sie Ihrem Welpen die Hand mit dem Leckerli entgegen und rufen Sie den Namen und HIER. Ihr Welpe wird sicher schnell zu Ihnen gelaufen kommen. Wenn er vor Ihnen sitzt, bekommt er seine Belohnung. Er wird gelobt und am Hals gekrault. Leinen Sie Ihren Hund aber bitte nicht sofort an. Das Kommen soll ja in jedem Fall als positiv empfunden werden. Bei Wiederholungen kann man dann die Distanz immer weiter vergrößern. Als Krönung dieser Übung kann man sich auch kleine Verstecke suchen. Das macht die ganze Sache spannend für Ihren Hund. Ihr Hund muss immer sicher zu Ihnen kommen. Ansonsten wird die Entfernung noch einmal verkürzt.

Den erwachsenen Hund rufen Sie mit dem entsprechenden Handzeichen, Handfläche an ihrer Brust, und dem Kommando HIER. Korrekt befolgt wird das Kommen, wenn ihr Hund dann mit Blickkontakt vor Ihnen sitzt.

Deutliche Handzeichen und klare Worte sind nötig, damit Ihr Berner Sie verstehen kann.

SITZ

Noch vor einiger Zeit lernte der Hund das Kommando SITZ, indem man ihn am Halsband fasste, den Po nach unten drückte und den Befehl SITZ gab. Dies wurde aber vom Hund häufig missverstanden, da ihm das Kommando SITZ bereits gegeben wurde, wenn er noch stand. Für ihn war also SITZ gleich STEH. Danach folgte immer der Fingerdruck auf die Kruppe und damit erst das Zeichen zum SITZ. So leicht entstehen Missverständnisse zwischen Hund und Mensch.

Schonender und verständlicher für Ihren Vierbeiner ist es, die Situationen auszunützen, wenn er sich von sich aus setzt, und dies mit dem gleichzeitig gegebenen Kommando SITZ zu verknüpfen. Gleichzeitig kann man als Handzeichen den erhobenen Zeigefinger benützen. Später befolgt dann der Hund Hör- und Sichtzeichen. Das ist praktisch, denn in manchen Situationen ist es weniger auffallend, Kommandos nur mit Sichtzeichen zu geben.

Ein klares Handzeichen erleichtert beiden das Üben.

PLATZ

Leinen Sie Ihren Hund für diese Übung an (Flexileinen sind allerdings für diese Übung nicht geeignet). Nehmen Sie die Leine in die linke Hand und legen Sie diese auf den Boden. Dazu ist es natürlich nötig, in Hockstellung zu gehen. Die rechte, flach ausgestreckte Hand halten Sie in Augenhöhe des Hundes und sagen gleichzeitig das Kommando PLATZ. Ein Leckerchen in der rechten Hand unterstützt am Anfang die Aktion. Das bekommt der Hund selbstverständlich erst, wenn er den Befehl ausgeführt hat.

Sobald der Hund im Platz liegt, legen Sie die linke Hand auf den Rücken des Hundes, üben leichten Druck aus und wiederholen das Kommando PLATZ. Anschließend ist ein ausgiebiges Lob angesagt. Dies war eine tolle Leistung des Hundes und soll entsprechende Anerkennung finden. Das Sichtzeichen für PLATZ ist die gegen den Hund ausgestreckte flache Hand, die Handfläche zeigt nach unten.

BLEIB

Diese Übung setzt ein gewisses Alter voraus, denn der Welpe hat noch das Bedürfnis, Ihnen überall hin zu folgen.

Sie haben Ihren Berner ins PLATZ gelegt. Verändern Sie nun Ihre Position und stellen Sie sich vor Ihren Hund hin. Zeigen Sie ihm die vorgestreckte flache Hand mit dem Wort BLEIB. Gehen Sie schrittweise zurück und vergrößern Sie die Distanz nach und nach. Sollte der Hund versuchen aufzustehen, wird der Abstand wieder verkürzt und PLATZ befohlen. Wenn der Befehl aufgehoben ist, muss das Lob folgen.

Üben Sie zunächst an ruhigen Orten ohne Ablenkung. Wenn das klappt, üben sie an verschiedenen Orten. Beginnen Sie jeweils wieder mit einer kurzen Zeitdauer.

Loben ist wichtig: „Gut gemacht, Chester!"

STEH

Auch ruhig neben Ihnen stehen zu bleiben, muss Ihr Berner erst lernen. Beim Welpen ist dies eine relativ leichte Übung: mit Leckerli gelingt sie schnell. Stellen Sie Ihren Welpen auf eine Bank oder auf einen schmalen, niedrigen Tisch. Vorsicht, dass nichts kippt oder umfallen kann! Sie selbst stehen auf der linken Seite, etwas vor Ihrem Hund. Ihr Hund ist angeleint. Sie halten den Kleinen mit der rechten Hand an kurzer Leine. Links halten Sie ihm sein Leckerli vor die Nase. Dabei wird das Wort STEH wiederholt. Sobald er ruhig steht, wird er mit seinem Leckerli belohnt. Niemals vorher!

Hat Ihr Hund gelernt, was STEH bedeutet, wird vor jedem Überqueren der Straße, also am Gehsteigrand, vor jeder Fußgängerampel oder auch mal beim täglichen Spaziergang die STEH-Übung wiederholt.

AUS

Das bedeutet Loslassen auf Befehl. Ihr Hund muss sich alle Gegenstände von Ihnen auf Kommando wegnehmen lassen. Für Fortgeschrittene heißt das auch, alles auf Befehl sofort fallenzulassen. Dieses Kommando – sicher befolgt – ist zum eigenen Schutz Ihres Berners wichtig. Wie interessant sind doch während eines Spazierganges oft Dinge, die eine Gefahr für unsere Hunde bedeuten! Ein folgsamer Hund erspart sich Vergiftungen oder das Verschlucken gefährlicher Gegenstände.

Geübt wird das AUS zu Hause. Hat Ihr Hund einen Gegenstand – das gilt auch für seinen Lieblingskauknochen – im Maul, greifen Sie mit der linken Hand über den Fang. Mit einem energischen AUS nehmen Sie mit der rechten Hand das Teil aus dem Maul. Mit dieser Übung muss schon beim Welpen begonnen werden.

Tipp   Aus und Pfui

Unterscheiden Sie zwischen AUS und PFUI. Verwenden Sie das Kommando PFUI, wenn Ihr Hund eine Aktion unterlassen soll, AUS, wenn er etwas hergeben soll.

PFUI

Dieses Kommando bedeutet, Dinge gar nicht aufzunehmen. Bei Prüfungen muss auch das ausgelegte Wurststückchen tabu bleiben. Reaktionsschnelle der Besitzer ist hier besonders gefragt.

Ich verwende häufig auch das Kommando TAUSCHEN. Dazu sollten Sie ein Leckerli oder ein Spielzeug zur Hand haben. Wenn Sie möchten, dass Ihr Berner einen nicht erwünschten Gegenstand hergibt, macht es ihm mehr Spaß, wenn er unmittelbar danach, also sofort, sein Spielzeug oder ein Leckerli als Ersatz bekommt. Dies ist bei Welpen und Junghunden, die noch nicht sicher das Kommando AUS befolgen, sehr erfolgreich. Trotzdem das Lob nicht vergessen.

Leinenführigkeit und Freifolge

An der Leine gehen

Haben Sie auch schon des öfteren beobachtet, dass der Hund mit Herrchen oder Frauchen spazierengeht? Jedes Ziehen beim Gehen an der Leine muss von Anfang an vermieden werden. Hat sich der Hund einmal daran gewöhnt, ist es fast aussichtslos, ihm das wieder abzugewöhnen. Bleiben Sie also auf jeden Fall sofort stehen, sobald die Leine nicht mehr durchhängt!

Für den Welpen ist es beim Spaziergang zu Beginn besser, ein Geschirr zu benützen, als ständig an seinem Hals zu zerren. Zum Üben benützt man dann allerdings wieder Halsband und Leine. Damit auch diese ungewohnte Situation wieder mit etwas Positivem in Verbindung gebracht wird, legt man Halsband und Leine für den Anfang beim Fressen an. Mit hängender Leine darf der Welpe auch mal durch die Wohnung laufen. Vorsicht, dass der Kleine nicht irgendwo hängenbleibt! Nahtlos geht man zur nächsten Stufe

Es geht erst weiter, wenn Chester wieder aufmerksam ist!

Tipp | Leinenführigkeit

Jeder Versuch, draußen an der Leine zu ziehen, wird dadurch unterbunden, dass Sie sofort stehen bleiben. Gehen Sie erst weiter, wenn Ihr Hund wieder aufmerksam zu Ihnen blickt und die Leine locker durchhängt.

über: Man nimmt die Leine auf und folgt dem Welpen mit durchhängender Leine. Achten Sie hier schon darauf, dass Sie sich rechts von ihm befinden. Der nächste Schritt, Tage später, ist folgender: Befehlen Sie freundlich das Kommando FUSS, wobei Sie wiederum ein Leckerli in der linken Hand halten, in Höhe Ihres Knies und in Nasenhöhe des Hundes. Der Hund läuft korrekt bei Fuß, wenn sich seine Schulter an Ihrem linken Knie befindet. Die Leine muss genügend durchhängen. Jede Ab-

weichung wird mit einem energischen NEIN korrigiert. Es folgt dann ein neuer Befehl mit freundlichem FUSS. Geht der Hund korrekt am linken Knie, muss automatisch Ihr Lob folgen. Klappt dies im Hause ohne Ablenkung einwandfrei, wird das ganze nach draußen verlegt.

Freifolge

Das Gehen bei Fuß muss zuverlässig funktionieren, bevor mit dieser Übung begonnen werden kann. Hierbei muss beachtet werden, dass sich die Schulter des Hundes, wie beim Gehen bei Fuß, am linken Knie des Menschen befindet. Üben Sie die ersten Male ohne Leine nur ohne Ablenkung und nur kurze Strecken. Die Dauer wird dann Schritt für Schritt verlängert. Das Lob, eventuell mit einem Leckerli, beendet die Übung. Zur Motivation gehört danach auch ein gemeinsames Spiel.

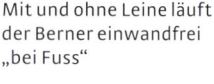

Mit und ohne Leine läuft der Berner einwandfrei „bei Fuss"

Spielen macht müde, danach ist das Alleinbleiben kein Problem.

Alleinbleiben

Hin und wieder machen es die täglichen Umstände unumgänglich, dass Ihr Hund auch einmal ein paar Stunden alleine bleiben muss. Üben Sie auch diese ungewohnte Situation mit Ihrem kleinen Berner.

Natürlicherweise würde das Rudel die Welpen nie verlassen, dies würde einem Todesurteil gleichkommen. Verlassen Sie daher anfangs nur kurzzeitig das Zimmer. Ist der kleine Berner ruhig gewesen, wird er gelobt. Dann steigert man stufenweise von fünf Minuten bis zu einer halben Stunde, wobei Sie sich in der ersten Zeit nur vor die Haus- bzw. Wohnungstür begeben.

Verlassen Sie ohne großes Aufsehen den Raum. Verhält sich der junge Hund ruhig, kommen Sie nach kurzer Zeit zurück und loben ihn ausgiebig. Sollte er jämmerlich weinen, war es für diese Übung noch zu früh. Man übt dann zwei Wochen später auf die gleiche Weise. Nützen Sie auf jeden Fall für Ihr Zurückkommen einen Augenblick, wenn der Welpe sich ruhig verhält. Gut sozialisierte Berner, die eine vertrau-

ensvolle Beziehung zu ihren Menschen haben, bleiben problemlos vier bis fünf Stunden allein.

Eine enge Beziehung zum Menschen ist wichtig und anzustreben. Die Bindung zum Menschen darf jedoch nie zur seelischen Fessel werden. Überbehütete Hunde, die das Alleinebleiben nicht rechtzeitig erlernt haben, entwickeln oft Verlassenheitsängste, die sich durch Zerstörungswut, Dauerheulen, Vertrauensverlust usw. zeigen können. Eine Umerziehung ist hier schwierig und bedeutet Stress für Mensch und Hund.

Tipp Alleinbleiben

Verkürzen Sie Ihrem Berner eine Wartezeit mit einer Kaustange oder einem Büffelhautknochen. Ein T-Shirt oder eine alte Jacke mit Ihrem Geruch zum Bewachen macht die Sache für Ihren Hund wichtig.

Kinder und Berner – gemeinsam Lernen macht Spaß.

Täglich üben

Oberstes Gebot bei allen Lernübungen ist liebevolle Konsequenz. Ein einmal gegebener Befehl sollte auch ausgeführt werden. Jedes Kommando wird durch Sie wieder aufgehoben. Am Anfang liegt die Lernzeit im Sekundenbereich und wird mit einem positiven Erlebnis beendet. Dann ist ausgiebiges Spielen angesagt.

Welpen sind schnell überfordert, aber auch ältere Hunde verlieren die Freude am Lernen, wenn sie Befehle bis zur „Unlust" ausführen müssen. Es sollte daher wohl täglich geübt werden; die Aktionen müssen aber spannend und abwechslungsreich gestaltet sein. Ihr Hund soll jedem Befehl freudig folgen. Jede Art von Drill wirkt dem entgegen. Hat Ihr Berner alle die beschriebenen Übungen mit Ihnen fleißig geübt und werden die Befehle auch ohne Leine ausgeführt, dann sind die Grundlagen zur Begleithundprüfung bereits geschaffen (Seite 89). Mit liebevoller Konsequenz ist das für unseren gelehrigen Berner kein Problem und wird freudig ausgeführt.

Alle Übungen und Lektionen, die von Ihrem Berner Sennehund korrekt ausgeführt wurden, müssen von Ihnen sofort ausgiebig gelobt und belohnt werden.

Tipp ▏ Konsequenz

Das Verhältnis zwischen Mensch und Hund muss immer von Vertrauen geprägt sein. Härte wirkt dem entgegen; konsequente Erziehung schafft Vertrauen. Ein Berner braucht klare Linien. Er muss immer wissen, dass Sie sagen, wo es langgeht. Liebevolle, konsequente Erziehung ist der richtige Weg.

Autofahren

Normalerweise sind Berner Sennenhunde begeisterte Autofahrer. Wegen ihrer Größe und ihres Gewichtes sind sie am besten und sichersten im hinteren Teil eines Kombis aufgehoben. Auf jeden Fall sollte ein fest montiertes Gitter den Laderaum vom Fahrgastraum trennen. Beim schnellen Bremsen sind so Mensch und Hund weitgehend geschützt, der Hund wird nicht zum tödlichen Geschoss.

Tipp Sicherheit

Wird der Berner auf dem Rücksitz eines PKW mitgenommen, muss er in jedem Falle mit einem speziellen Hundesicherheitsgurt gesichert werden.

Hunde fahren leidenschaftlich gerne Auto, wenn sie einfühlsam daran gewöhnt wurden. Bemerken Sie, dass Ihr Welpe damit Probleme hat, weil er vor dem ungewohnten Geräusch, dem fremden Geruch, dem Schaukeln oder der Bewegung Angst hat, dann verfahren Sie wie folgt: Setzen Sie Ihren Welpen auf den für ihn vorgesehenen Platz im Auto. Sprechen Sie beruhigend und freundlich mit ihm. Dabei bekommt er ein Leckerli. Die Autotür bleibt dabei offen, Sie fahren zunächst noch nicht. Am nächsten Tag die gleiche Vorgehensweise, dabei bekommt er sein Futter im Auto. Schließen Sie die Autotür. Fahren Sie noch nicht los.

Am nächsten Tag die gleiche Übung, starten Sie dabei das Auto und fahren Sie vorsichtig eine kurze Strecke. Eine Begleitperson ist in diesem Falle wichtig. Die Strecke wird am nächsten Tag verlängert und der Hund noch einmal im Auto gefüttert. So verknüpft Ihr Hund das Autofahren mit einer angenehmen Empfindung. Bald ist alles kein Problem mehr. Ideal ist natürlich ein klimatisiertes Auto. Lüften Sie vor jeder Fahrt Ihren Wagen gut durch. Hin und wieder gibt es Hunde, die, ähnlich wie Kinder, lange Fahrten nicht vertragen. Dann sollten Sie den Hund vorher keinesfalls füttern und ihm eventuell ein Mittel gegen Reisekrankheit vom Tierarzt geben.

Unarten abgewöhnen

Hochspringen

Ein ganz natürliches Verhalten bei Welpen und jungen Hunden ist das Hochspringen zur Begrüßung. Die Mutterhündin wird so von ihren Welpen willkommen geheißen. Gleichzeitig betteln die Kleinen auf diese Weise um Futter.

Hochspringen bitte ignorieren und Augenkontakt vermeiden!

Wenn Sie gerade in feiner Ausgehkleidung nach Hause kommen, ist diese Begeisterung Ihres Hundes natürlich nicht gefragt. Eine Möglichkeit, das Verhalten zu unterbinden, ist es, dem Hund die hochgestellte Hand entgegenzustrecken, zusammen mit dem Befehl „Pfui" oder „Nein". Meist ist dies wenig wirksam und leichter gesagt als getan, wenn man gerade vom Einkaufen zurückkommt und keine Hand frei hat. In einigen Erziehungsbüchern wird auch der Rat gegeben, das Knie hochzuziehen und etwas vorzustrecken. So kann der Hund das Gesicht

Auch in der Stadt ist der Berner ein wohlerzogener und unkomplizierter Begleiter.

Tipp ⎸ Nicht hochspringen

Eine schonende Methode ist, das Hochspringen von Anfang an komplett zu ignorieren und sich wegzudrehen. Augenkontakt und jeglicher Kommentar müssen vermieden werden. Der Hund wird erst begrüßt, wenn er manierlich sitzt. Probieren Sie aus, welche Methode für Ihren Berner die richtige und wirksam ist.

nicht erreichen, und gegen das Knie zu prallen, ist ihm unangenehm. Etwas schwierig, wenn Sie zierlich sind und Ihr Hund schon relativ groß ist ...

Sachen zerkauen

Das normale Kaubedürfnis des Berners stillt man, indem man ihm Kauknochen oder Büffelhautknochen anbietet. Tauschen Sie sozusagen gegen diese Dinge, wenn er etwas Unerwünschtes im Maul hat. Erklären Sie dabei das weggenommene Stück zum „Tabu".

Betteln

Handeln Sie nach dem Motto: „Was er nicht weiß, macht ihn nicht heiß!" Vermeiden Sie es also, Ihrem Hund jemals etwas vom Tisch abzugeben. Alles, was er bekommen kann, wird in seine Futterschüssel gegeben. Er darf bei der Tischrunde dabeisein, jedoch im gehörigen Abstand daneben. Erlauben Sie kein Spiel oder neben dem Tisch zu stehen. Nichts ist unangenehmer, als wenn Ihre Gäste von einem sabbernden und bettelnden Hund belästigt werden. Bleiben Sie hier hart und erlauben Sie keine Ausnahmen.

Sie können Ihren Berner auch vor dem Familienmahl füttern. Dominante Tiere bekommen ihr Futter jedoch grundsätzlich danach.

„Bleib! Ich bin gleich wieder bei dir."

Die Begleithundprüfung

Das erste große Ziel ist die Begleithundprüfung. Sie wird in Hundesport-Vereinen, die dem dhv (Deutscher Hundesport Verband e.V., siehe Seite 121) angegliedert sind, von einem Leistungsrichter abgenommen. Dazu ist die Mitgliedschaft in einem dieser Vereine erforderlich; Übungstage, wenigstens zweimal pro Woche, sind einzuplanen.

Ihr Hund hat sicher an der Begegnung mit Hunden anderer Rassen seine Freude und wird sicherer im Umgang mit Artgenossen. Die Kontakte zu anderen Hundebesitzern werden Ihnen zeigen, dass „alles" zu erlernen ist und „manches" eben auch Zeit braucht. Hundesportplätze, wo militärischer Drill und unnötige Härte zum Handwerk gehören, sind für unsere Berner ungeeignet. Wie schon öfter angesprochen, erzieht man einen Berner mit liebevoller Konsequenz. Spaß und Freude an der Bewegung und die Kommunika-

tion mit anderen Hunden und ihren Menschen sollen immer im Vordergrund stehen. Ich selbst halte auch das ständige Gebrüll, das auf manchen Hundeplätzen üblich ist, für unnötig, ja sogar schädlich. Zum einen gewöhnt sich Ihr Hund an den zu lauten Ton, was zur Folge hat, dass auch ganz normale tägliche Kommandos irgendwann nur noch im lauten Befehlston ernstgenommen werden. Zum anderen muss unseren Hunden, deren Gehör dem der Menschen um ein Vielfaches überlegen ist, dies überhaupt nicht zugemutet werden. Ist es nicht viel überzeugender, wenn Ihr Berner bei einem ruhigen, freundlichen Befehl diesen auch freudig ausführt und erkennen lässt: „Ich habe Dich verstanden und folge Dir gerne!"? Die Prüfungsordnung zur Begleithundprüfung erhalten Sie bei Ihrem Verein. Die BH-Prüfung gehört heute zum selbstverständlichen Rüstzeug für einen wohlerzogenen Berner. Der Nachweis wird in einem dhv-Leistungsheft eingetragen.

Auch ein Dorfspaziergang muss geübt werden.

Info Prüfungen

Mittlerweile gibt es in den Vereinen eine speziell für unsere Sennenhunde zugeschnittene Prüfungsordnung, die im Einvernehmen mit dem dhv erstellt wurde.

Sie umfasst die Gehorsamsprüfung der Stufen 1 bis 4, jedoch ohne Schusstauglichkeitsprüfung. Da Berner Sennenhunde nicht zu den Gebrauchshunderassen gezählt werden, ist diese auch nicht nötig.

Berner jagen nicht?

Jeder Hunde-Vorfahr in grauer Vorzeit, der nicht seinem Jagdinstinkt gefolgt wäre, war unweigerlich zum Tode verurteilt. Es liegt daher in der Natur des Hundes, alles, was flüchtet und wegläuft, interessant zu finden: Hasen, Rehe

Team-Test

Der Team-Test ist ähnlich aufgebaut wie eine Begleithundprüfung, jedoch ist der Teil zur Verkehrssicherheit wesentlich erweitert. Eine Mitgliedschaft im Verein ist nicht erforderlich, als Nachweis über das Bestehen des Team-Test erhält man eine Urkunde.

Haben Sie nun mit Ihrem Berner besonders viel Freude am Hundesport gefunden und stellt sich Ihr Hund als besonders gelehrig und intelligent heraus, dann stehen ihm und Ihnen noch viele Möglichkeiten offen.

Voraussetzung für alle weiteren Prüfungen ist der Grundgehorsam ihres Berner Sennenhundes. Der Besuch einer Hundeschule hilft, auch eigene Fehler zu entdecken, sie zu beheben und das Team Mensch/Hund zu verbessern.

und alles Niederwild sind Fluchttiere und Beutetiere für den Jäger – also ein Garant zum Überleben!

Sennenhunde sind Hütehunde und seit Generationen zum Bewachen und Hüten gezüchtet worden. Ihr Jagdinstinkt ist aus diesem Grunde wenig ausgeprägt. Doch wer meint, er sei überhaupt nicht vorhanden, der irrt. Verlassen Sie sich nicht auf das vermeintliche Desinteresse Ihres Vierbeiners! Rechtzeitige erzieherische Maßnahmen machen aus den Bernern mit Interesse am Wild beinahe Musterschüler in Feld und Flur.

Einander verstehen lernen

Ihr Berner wird bemüht sein, Sie so schnell wie möglich verstehen zu lernen. Nicht nur die Kommandos wird er begreifen lernen. Er lernt aus Ihrer Gestik, Mimik, dem Ton Ihrer Stimme, dem Umgangston seiner Menschen miteinander. Er spürt, ob Sie ärgerlich, fröhlich oder traurig sind. Als sozialer Partner und Familienmitglied lernt Ihr Hund ganz schnell, welcher „Wind im Hause weht". Verunsichern Sie Ihren Hund jedoch nicht mit widersprüchlichem Verhalten. So sollten alle Familienmitglieder die gleichen Kommando-Worte und Handzeichen verwenden. Und was verboten ist – z.B. das Betteln bei Tisch oder Liegen auf dem Sofa – sollte nicht von einem Familienmitglied gestattet werden. Dass etwas ausnahmsweise mal erlaubt ist und sonst nicht, kann ein Hund nicht verstehen.

Mit Ihrem älteren Hund wird es keiner vielen Worte mehr bedürfen. Ihr Hund weiß, wann es zum Einkaufen geht und wartet schon am Gartentor, um Sie zu begleiten. Er hebt aber nicht mal den Kopf, wenn bei Ihnen ein Theaterbesuch ansteht.

Der Jagdinstinkt bei Bernern ist wenig ausgeprägt, aber nicht ganz verschwunden.

Damit auch Sie Ihren Vierbeiner besser verstehen können, sollte es Ihnen ein Anliegen sein, die Körpersprache Ihres Hundes kennenzulernen. Ihr Berner hat viele Möglichkeiten, sich auszudrücken. Einiges lernt man im Laufe der Jahre wie von selbst; verschiedene Ausdrucksformen sollten Sie vorher schon kennen, damit Sie wissen, was Ihr Welpe meint.

Ihr Hund bellt nicht nur, er spricht mit seiner Stimme zu Ihnen. Unendlich viele Zwischentöne liegen in seinen Lauten. Freundlich begrüßend, bittend, warnend. Machen Sie sich ruhig die Mühe, die Unterschiede zu erkennen. Eifriges Schwanzwedeln bedeutet freudige Begrüßung, signalisiert Kontaktaufnahme. Ein unterwürfiges Tier wedelt mit leicht gesenktem Schwanz. Hingegen wird ein dominanteres Tier den Schwanz hoch erhoben tragen.

Jeder Hund hat einen für ihn typischen Eigengeruch – eifriges Schwanzwedeln lässt diesen Geruch intensiver verströmen. Ein eingeklemmter Schwanz bedeutet Angst, Unsicherheit

Im Urlaub sind wir ganz entspannt, deshalb die „Platzübung" auf lustige Art.

Tipp Immer dabei

Lernen und zeigen kann der Berner seine Anhänglichkeit und Familienverbundenheit nur, wenn er auch mit seinem Rudel, den Menschen, zusammenleben darf. Tiere, die nur im Zwinger leben müssen oder häufig abseits der Familie gehalten werden, können eine solche Verbundenheit nicht aufbauen. Dass diese Haltungsbedingungen auch negative Auswirkungen auf das Wesen der Hunde haben, ist möglich.

und Unterwerfung. Tiere, die unter starkem Druck oder Stress stehen, zeigen dieses Verhalten.

Wenn Ihr Vierbeiner mit beiden Vorderbeinen am Boden liegt, während sein Hinterteil hoch erhoben ist, fordert er Sie zum Spielen auf. Es bedeutet immer: „Spiel mit mir, beschäftige dich mit mir!" Auch Hunde untereinander signalisieren so ihre Aufforderung zum gemeinsamen Spiel.

Mit Hecheln reguliert Ihr Hund seine Körpertemperatur. Er hechelt also um so mehr, je heißer es draußen ist, je schneller er gelaufen ist. Hecheln ist sein Abkühlmechanismus.

Warum verstecken unsere Hunde so gerne ihre Knochen? Dies ist ein Überbleibsel aus wölfischer Zeit. Hatten die Wolfsrudel früher mal das Glück, ein größeres Tier zu erjagen, konnte die Mahlzeit nicht auf einmal vertilgt werden. Die Reste vergruben sie in der Erde, um sie vor anderen Wildtieren zu verbergen und selbst für schlechtere Zeiten gerüstet zu sein. Dieses instinktive Verhalten steckt auch noch in unseren Bernern.

Warum lässt sich Ihr Berner Rüde so gerne die Brust kraulen? Dies hat mit dem Sexualverhalten unserer Hunde

zu tun: Besteigt ein Rüde eine Hündin, berührt seine Brust den Rücken der Partnerin. Durch die rhythmische Bewegung während des Deckens sind das angenehme Empfindungen für Ihren Rüden. Nützen Sie dies, wenn Sie Ihren Hund besonders loben möchten.

Rüden heben oft ihr Bein, ohne nur die Blase entleeren zu wollen. Sie kennzeichnen hierdurch vielmehr ihr Revier und sagen etwaigen Konkurrenten: „Bleib weg, dies ist mein Revier!" Desgleichen setzen sich Hündinnen während der Läufigkeit besonders häufig. Sie hinterlassen dabei ihre individuelle Duftmarke. Eine Botschaft für die Rüden in der Gegend: „Bald ist es soweit, dann bin ich paarungsbereit!"

In der Mimik Ihres Hundes, der Haltung des Kopfes, der Bewegung der Lefzen, dem Kräuseln der Nase liegen unendlich viele Ausdrucksmöglichkeiten und Ausdrucksformen. Dies kann sich in Sekundenschnelle äußern. Es lohnt sich, diese „Fremdsprache" kennenzulernen und wenigstens teilweise zu verstehen. Sie können sich sicher sein, Ihr Hund beobachtet sie genau und versteht erstaunlich schnell Ihre Mimik, Ihr Verhalten, Ihre Bewegungen und Ihre Stimmungslage und deutet diese genau.

Tipp Ohren-Sprache

An der Haltung der Ohren lässt sich die Stimmungslage unserer Berner ablesen - zugegebenermaßen nicht ganz so gut wie bei Rassen mit Stehohren. Aber wer seinen Hund kennt, weiß: vorgekippte Ohren zeigen Interesse, Neugierde und freundliche Gesinnung. Angelegte Ohren, die auch nach hinten gelegt sind, zeigen Ängstlichkeit, Vorsicht, Unsicherheit und Unwilligkeit.

Das Maisfeld spendet bei sommerlichen Spaziergängen Schatten.

Das Flegelalter

Ab dem 6. bis 7. Lebensmonat macht Ihr Berner eine Entwicklungszeit durch, die man auch die „Halbstarkenzeit" nennen könnte. Er versucht, seinen Kinderschuhen zu entwachsen. Bei Spaziergängen wird er seinen Erkundungsradius erweitern wollen. Plötzlich werden Befehle, die zuvor einwandfrei befolgt wurden, nicht mehr befolgt. Er zeigt eindeutig einen Starrkopf.

Das ist ein ganz normaler Vorgang auf dem Weg zum Erwachsenwerden. Diese Entwicklungsphase kann unterschiedlich stark ausgeprägt sein. Meist ist sie beim Rüden noch etwas stärker spürbar als bei der Hündin. Ihr Hund will und muss nun seine Grenzen kennenlernen. Es ist wichtig, dass Sie auch während dieser Zeit konsequent Ihr Erziehungsziel verfolgen. Bleiben Sie ruhig, aber sehr bestimmt. Die Gehorsamsübungen sollten in dieser Zeit zum regelmäßigen Tagesprogramm gehören. Nach einiger Zeit hat Ihr Hund wieder verstanden, wo sein Platz in der Familie ist und wer den Ton angibt.

Die Pubertät

Noch vor Erreichen des ersten Lebensjahres macht Ihr Berner auch die Entwicklung zur Geschlechtsreife durch. Bei Hündinnen beginnt diese Zeit meist mit dem 8. Lebensmonat. Der Rüde kommt etwas später in die Pubertät. Es ist möglich, dass Ihnen vollkommen fremde Wesensmerkmale bei Ihrem Hund auffallen. „Das macht er doch sonst nicht", hört man in dieser Zeit häufig von den Hundebesitzern. Sein seelisches Gleichgewicht kann in dieser Zeit etwas aus den Fugen geraten sein. Eher zurückhaltende Hunde werden plötzlich zu kleinen Draufgängern – oder sie entwickeln ungewöhnlich ängstliches Verhalten, das vorher nie von ihnen gezeigt wurde.

Mit Abschluss des Reifewachstums ist auch dieses Verhalten vorüber. Bei der Hündin ist dies nach der ersten Läufigkeit der Fall. Dann ist auch das Größenwachstum weitgehend abgeschlossen. Kopf- und Brustausformung werden sicher im Laufe der Zeit noch zunehmen. Beim Rüden verläuft der Reifeprozess etwas langsamer. Jedoch

Hundebegegnungen müssen geübt werden.

Eine Kastration sollte möglichst erst nach Erreichen der Geschlechtsreife durchgeführt werden.

wird auch hier das Größenwachstum mit dem ersten Lebensjahr abgeschlossen sein. Aber in seiner vollen, imposanten Erscheinung zeigt sich ein Berner Rüde erst nach seinem dritten Lebensjahr. Bis dahin kann sich seine Kopfausformung noch verändern und die Brustausformung nimmt noch an Volumen zu. Nach drei Jahren zeigt sich Ihr Berner Rüde dann in seiner ganzen Pracht.

Kastration

Mit Erreichen der Geschlechtsreife stellt sich für viele Berner-Besitzer die Frage nach der Kastration: Ja oder Nein?

Mir hat diese Entscheidung viele schlaflose Nächte bereitet und musste nach Rücksprache mit dem Tierarzt einmal zum Wohl des Hundes mit „Ja" entschieden werden. Allen meinen weiteren Bernern konnte diese OP erspart bleiben. Für Ihren Berner ist die entgültige Entscheidung eine nicht mehr rückgängig zu machende, stark in die Persönlichkeit eingreifende Operation. Eine feststehende Tatsache ist, dass das Tierschutzgesetz einen Eingriff ohne medizinische Indikation verbietet. Allein der Tierbesitzerwille aus Bequemlichkeitsgründen kann daher nie ausreichen.

Von falschen Voraussetzungen geht man auch aus, wenn man denkt, ein zu aggressivem Verhalten bereiter Raufer verliere durch eine Kastration seine Angriffslust. Beeinflusst wird durch eine Kastration nur das Sexualverhalten der Tiere. Rüden verlieren ihr Interesse an der Hündin.

Da sich durch die Kastration jedoch auch ihr Eigengeruch verändert, kann dies andere Rüden dazu animieren, sie zu besteigen, was eine Dominanzgeste bedeutet und zu Streitigkeiten führen kann. Bei reservierten oder schüchternen Rüden kann dies zusätzlich zu Wesensproblemen führen.

Bei Hündinnen bewirkt die Kastration ständig gleiches Verhalten wie zu den Zeiten zwischen den Läufigkeiten (im Metöstros). Die Fresslust steigt deutlich an, das Haarkleid verändert sich. Berner bekommen das deutlich sichtbare fahnenartige Kastratenfell. Ruhiger werden die Tiere nur, weil durch die gesteigerte Fresslust auch das Körpergewicht steigt und automatisch weniger Bewegungslust vorhanden ist.

Bei kastrierten Hündinnen kann im Alter mehr oder weniger starkes Harnträufeln durch fehlendes Östrogen eintreten. Dies kann jedoch vom Tierarzt medizinisch behandelt werden

Was können nun Gründe für eine Kastration sein, die auch ethisch zu vertreten sind?

Schwer verlaufende Scheinträchtigkeiten, die zu Gebärmuttervereiterungen führen können, sind hierbei zu nennen. Übrigens ist der Mammatumor, dem durch eine Kastration vorgebeugt werden soll, bei Berner-Hündinnen äußerst selten. Bei Rüden kann ein krankhaft übersteigerter Sexualtrieb zu Prostataentzündungen führen. Eine Kastration kann deshalb sinnvoll sein.

Wenn eng verwandte Hunde, z.B. Geschwister oder Mutter und Sohn, in häuslicher Gemeinschaft leben, kann eine Kastration zur Vermeidung von Inzestverpaarungen nötig sein.

Das hormonelle Wechselspiel bei nicht kastrierten Bernern ist normal und erlaubt eine natürliche Facette im Leben unserer Hunde. Berner Sennenhunde gelten als langsam reifende Hunderasse, dazu gehört bei Bernern auch der hormonelle Reifeprozess. Die hormonellen Veränderungen regeln bei Rüden und Hündinnen Gewichtsprobleme oft von selbst. Ein manchmal auf „Freiersfüßen" wandelnder Rüde hat durch sein Interesse an Hündinnen oft weniger Appetit. Während harmlos verlaufender Scheinträchtigkeiten sind Hündinnen weniger auf Futter geprägt. Keinesfalls darf die Kastration – ein schwerwiegender Eingriff bei unseren langsam ausreifenden Bernern – vor der Geschlechtsreife vorgenommen werden. Es sei denn, gesundheitliche Gründe machen eine sofortige Operation nötig. Bei Hündinnnen sollte die zweite Läufigkeit abgewartet werden, Rüden brauchen zur Reife wesentlich länger.

Jede Kastration setzt eine eingehende Beratung mit dem Tierarzt voraus und kann nur für jeden Einzelfall entschieden werden. Einziger Beweggrund für eine Kastration darf nur das Wohl des Tieres sein.

Berner-Hündinnen sind liebevolle Mütter.

Signale auf einen Blick

Signal	Aktion des Hundes
KOMM	Freudiges Herankommen zum Halter mit Vorsitzen, z.B. zum Anleinen.
SITZ	Sich hinsetzen und sitzen bleiben.
PLATZ	Sich hinlegen und liegen bleiben.
FUSS	Laufen am linken Bein des Halters. Leine hängt durch (oder ohne Leine).
BLEIB	Hund bleibt sitzen oder liegen, auch wenn sich sein Halter entfernt, und wartet, bis dieser zurückkommt.
STEH	Hund steht ruhig und rührt sich nicht von der Stelle.
LAUF	Löst alle gegebenen Signale auf. Hund darf wieder laufen.
AUS	Hund gibt Gegenstand in die Hand seines Halters ab.
PFUI	Hund unterlässt seine Aktion.

Handzeichen

Arm seitlich nach oben strecken und
seitlich auf den Oberschenkel fallen lassen.

Zeigefinger nach oben ausgestreckt.

Ausgestreckte Handfläche,
die zum Boden zeigt.

Handfläche klopft an Oberschenkel.

Handfläche zeigt in Richtung des Hundes.

Berner Sennenhunde sind arbeitswillige Familienhunde mit mittlerem Temperament. Mit einer Runde um den Block sind sie nicht ausgelastet; sie wollen körperlich und geistig gefordert werden. Regelmäßige Spaziergänge und Spiele mit ihren Menschen genießen sie. Ausbildungen zum Therapie- oder Rettungshund oder die Fährtenarbeit kommen ihrem Wesen entgegen.

Ausbildungen

Sport, Spiel und Spaß, gemeinsame Aktivitäten verbinden und bringen Freude. Für Ihren Berner heißt das sinnvolle Beschäftigung und Anerkennung.

Folgende Ausbildungsmöglichkeiten stehen Ihnen offen: Sanitätshund, Rettungshund, hier besonders zur Flächensuche, Lawinensuchhund und, um einen neuen Weg vorzustellen, zum Therapiehund.

Therapiehund

Voraussetzungen zur erfolgreichen Arbeit als Therapiehund sind ein ausgeglichenes Wesen beim Hund sowie Freude an sozialem Engagement bei seinen Menschen.

Was ist die besondere Aufgabe eines Therapiehundes? Hunde und ihre Menschen bringen behinderten, kranken oder betagten Mitmenschen Abwechslung und Freude in ihren oft monotonen und freudlosen Alltag. Der Therapiehund ist auch sehr oft der „Mitarbeiter" von Fachkräften im sozialen, pädagogischen oder therapeutischen Bereich. Hunde haben keinerlei Berührungsängste, sie kennen keine Vorurteile. Sie wollen gestreichelt, berührt und gefüttert werden.

Arbeitsfreude und Elan – ein Berner bringt beides mit.

Liebevolle Zuwendung
ist bei beiden zu spüren.

Diese ungewohnten, liebevollen Kontakte zu den Menschen, die nicht auf der Sonnenseite des Lebens stehen, lassen oft das Eis brechen und lösen eine Vielzahl von seelischen und körperlichen Reaktionen aus. Schon die Freude an den Hunden, das Gefühl von Zärtlichkeit, etwas geben zu dürfen, bringt diesen Menschen ein Gefühl des Verstandenwerdens und kann durch dieses Wohlbefinden eine therapeutische Wirkung entfalten. Oft bewirken die positiven Nebeneffekte eine Verbesserung des Sprachvermögens und der Motorik. Wenn ein Therapiehund eine Institution betritt, kann vieles geschehen. Das Personal ist entspannter; bei den Kranken, Alten und Behinderten kommt Freude auf, und auch das Gefühl des Gebrauchtwerdens. Ein Hund ist auf Menschen angewiesen, er will umsorgt sein. Dass für diese Aufgabe nicht alle Berner mit ihren Menschen geeignet sind, liegt in der Natur der Sache. Aber gerade Berner mit ihrem ausgeglichenen Wesen können einer solchen Aufgabe gewachsen sein. Wie schön und befriedigend für die dazugehörenden Menschen, hier wirklich helfen zu können!

Rettungshund

Berner Sennenhunde werden auf Grund ihrer charakterlichen Eigenschaften auch zum Rettungshund ausgebildet. Diese Ausbildung ist sehr anspruchsvoll und erfordert eine besonders enge Bindung von Mensch und Hund. Jeder, der diese Ausbildung beginnt, muss sich darüber im klaren sein, dass viel Geduld und vor allen Dingen viel Zeit erforderlich sind. Mindestens zweimal wöchentlich sind Übungsstunden

Tipp | Therapiehund

Die weltweit intensivste und anspruchsvollste Ausbildung und Prüfung für Menschen und Hunde, die in der tiergestützten Therapie tätig sein möchten, hat der von der Kynologin Ursula Sissener 1994 in der Schweiz gegründete Verein „Therapiehunde Schweiz" (VTHS) erarbeitet und in die Praxis umgesetzt. Die Kurse in der Schweiz sind lange im Voraus ausgebucht. In Deutschland arbeiten einige lizensierte Trainerinnen, die nach den Vorgaben des VTHS in der Schweiz ausgebildet und geprüft wurden.

bzw. Training einzuplanen. Fortwährendes Üben des Grundgehorsams muss zusätzlich erfolgen.

Der Hund sollte neugierig, aufgeschlossen und spielfreudig sein. Er darf jedoch nicht zu forsch sein; Draufgänger sind unerwünscht. Schussfestigkeit ist eine der Voraussetzungen für die Rettungshundausbildung. Um auch ungewöhnliche Situationen meistern zu können, ist unbedingtes volles Vertrauen zum Menschen erforderlich. Hat der Welpe in seiner Prägephase schon viele verschiedene Umwelteinflüsse kennenlernen können (Welpenspieltage), hilft ihm dies bei der RH-Ausbildung enorm. Das Laufen über Roste, Wippen, Gatter und Gerüste sowie unebenen Untergrund ist beim Training Tagesprogramm. Der Hund darf außerdem keine Angst vor Wasser und Feuer haben. Er muss in allen Situationen ein verlässlicher Partner sein. Von seinem Verhalten und dem seines Führers hängt im Ernstfall ein Menschenleben ab. Die charakterlichen Voraussetzungen beim Menschen sind unbedingte Ruhe und Gelassenheit sowie eine sportliche Eignung. Vor der Rettungshundausbildung muss eine Eignungsprüfung abgelegt werden. Dies ist ab dem zwölften Lebensmonat des Hundes möglich; sie kann nicht wiederholt werden. Danach folgt eine Vorprüfung. Sie ist frühestens ab dem 16. Monat möglich. Die Rettungshundprüfung „Fläche" darf ab dem 16. Monat abgelegt werden. Ab dem 24. Monat kann dann die Rettungshundprüfung „Trümmer" erfolgen. Ein Rettungsteam bildet eine Einheit. Ein Teil davon kann nicht ausgetauscht werden. Kommt ein anderer Partner – ob Mensch oder Hund – dazu, muss wieder eine Eignungsprüfung abgelegt werden. Eine Schutzhundausbildung darf ein Rettungshund bei manchen Organisationen nicht haben!

Schnee! Was für ein Spass für Berner.

Mit der Nase voraus – auch junge Berner können schon für die Fährte üben.

Engagement und Verantwortung

Vom Hundeführer werden eine Ausbildung in Sprechfunk und Kartenkunde sowie ein Erste-Hilfe-Kurs für Mensch und Hund verlangt. Einsatzwille und viel Zeit sind neben all diesen Voraussetzungen eine der Bedingungen. Ein ausgebildetes Rettungsteam (Mensch und Hund) muss im Ernstfall Tag und Nacht in Bereitschaft sein. Mit dem Ablegen der Endprüfung, die jedes Jahr wiederholt werden muss, verpflichten Sie sich dazu.

Fährtenarbeit

Die Fährtenarbeit ist ein Teil der Ausbildung zum Schutzhund. Diese wird für Berner allerdings nur im Ausnahmefall empfohlen. Es gibt jedoch auch eine Fährtenhundausbildung, die auf der Begleithundausbildung aufbaut und mit einer eigenen Prüfung abschließt.

Das Auffinden einer zuvor gelegten Fährte macht Bernern viel Spaß. Das Nasentier Hund muss zuvor ausgelegte Gegenstände mit seiner Nase erschnüffeln. Durch Hinsetzen oder auch Stehenbleiben wird der Gegenstand vom Hund angezeigt, ohne dass er ihn aufnimmt. Es gibt verschiedene Stufen der Fährtenarbeit, die man mit einer von einem Leistungsrichter abgenommenen Prüfung erreicht.

Fährtenarbeit ist eine geeignete Beschäftigung für Hunde mit Gelenkproblemen und hilft, sie auszulasten

Sportliche Betätigungen

Ein ausgesprochener Leistungssportler ist unser Berner sicher nicht. Ausnahmen bestätigen die Regel. Unsere Hunde brauchen jedoch eine sinnvolle Beschäftigung und haben Freude an der Bewegung. Je nach der Konstitution Ihres Berners sind verschiedene sportliche Aktivitäten möglich. Hin und wieder werden tolle Leistungen bekannt. Das Motto sollte immer sein: mit Spaß und Freude dabei!

Turnierhundsport

Diese Sportart wird als Mannschafts- oder Einzelwettkampf durchgeführt und erfordert bei Mensch und Hund ein hohes Maß an Kondition. In jedem Fall muss unser Berner bereits ein Jahr alt und topfit sein.

Muskeln, Sehnen und Bänder der etwas behäbigeren Berner werden beim Turnierhundsport stark belastet; die Verletzungsgefahr ist groß. Sie sollten daher, wenn überhaupt, nur mit sportlichen Bernern, die gut trainiert sind, diese Sportart ausüben. Die einzelnen Sparten des Turnierhundsports sind der Vierkampf, welcher Hürdenlauf, Slalom, Hindernislauf und eine Gehorsamsübung umfasst, sowie Geländeläufe, die über 2 000 und 5 000 Meter durchgeführt werden. Zusätzlich gibt es noch einen Kombinationswettkampf, bei dem neben Geschicklichkeit auch die Zeit bewertet wird.

Agility

Seinem wendigeren Bruder, dem Entlebucher Sennenhund, ist der Berner beim Agility sicher unterlegen. Über Hürden zu springen und durch Tunnels zu kriechen sowie einen Slalomlauf auf Zeit zu absolvieren, kommt den körperlichen Voraussetzungen eines Berners nicht unbedingt entgegen. Gehört Ihr Hund zu den eher gemütlichen Typen, sollten Sie es ihm nicht zumuten. Ist er ein sportlicher Vertreter seiner Rasse und sind Sie auch nicht böse, im Wettkampf der Letzte zu sein, kann diese Sportart versucht werden. Übermäßige Sprünge sollten allerdings vermieden werden.

Mobility

Dies ist eine Hundesportart, die den größeren und etwas schwereren Hunderassen angepasst ist. Tunnels, kleinere Hürden und ein Slalomparcours sind hier – wie beim Agility – zu überwinden.

Alle Geräte sind in etwas größerem Abstand aufgestellt und sind somit den sportlichen Möglichkeiten schwererer Rassen angepasst. Die nicht ganz so wendigen Berner werden dadurch nicht überfordert und die Gelenke geschont. Alles läuft ohne Stoppuhr und aus Freude am sportlichen Miteinander.

Flyball

Das ist eine Sportart, für die Berner Sennenhunde nicht sehr gut geeignet sind. Aufgrund ihrer körperlichen Gegebenheiten sind die bei Flyball erforderlichen schnellen Stopps und Wendungen eine große Belastung für das Skelett. Die Verletzungsgefahr, z.B. ein Kreuzbandriss, ist bei dieser Überbelastung sehr groß.

Tanas Lieblingsspiel in der Welpengruppe

Schweizer Orginale

Wagenziehen

Die Ausbildung knüpft an die Verwendung und die ursprünglichen Aufgaben unserer Berner an, als sie noch Dürrbächler hießen. In früherer Zeit brachten sie die Milch, ein kostbares Gut der Schweizer Bauern, zur nächsten Käserei. Auch kleine Lasten von Hof zu Hof zu transportieren, gehörte zur täglichen Arbeit unserer Hunde.

Heute ist das Ziehen von Wägelchen eine sinnvolle Beschäftigung für unsere meist etwas unterforderten Vierbeiner, die ihnen viel Freude bringt. Erforderlich dafür ist ein gut sitzendes, speziell für Ihren Hund angefertigtes Geschirr sowie ein angepasstes „Wägele". Der Wagen sollte luftbereift sein, damit er leicht und gut rollt. Der Berner sollte gesund sein, HD und ED dürfen kein Problem sein, und sommerliche Hitze sollte vermieden werden. Die Wegstrecke wird entsprechend der Kondition des Hundes ausgewählt. Das zu ziehende Gewicht muss dem Berner kräftemäßig angepasst sein und die Aktion tierschutzrechtlichen Bestimmungen entsprechen. Wagenziehen soll Spass machen und nicht in kräftezehrende Arbeit ausarten!

Tipp | Wagenziehen

Die zuständigen Fachleute der Vereine beraten Sie gerne, wo und wann die Ausbildung zum Wagenziehen stattfindet. Beginnen Sie diese Ausbildung nur mit einem ausgewachsenen und gesunden Berner Sennenhund.

Spazierengehen

Das gehört zu den schönsten Beschäftigungen für einen Berner Sennenhund. Mit seinen Menschen durch Wald und Feld zu streifen, ist der reine Genuß für ihn. Täglich wenigstens eine Stunde sollte immer möglich sein!

Wandern

Auch an Wanderungen durch Berg und Tal wird der Berner an Ihrer Seite seine Freude finden. Hier wird er als angenehmer Begleiter zeigen, was in ihm steckt. Kein ungestümer Irrwisch, kein auf das Jagen erpichter Draufgänger, wird er die Ausflüge auch ohne Leine genießen. Immer jedoch ist er darauf bedacht, dass sein „Rudel" zusammenbleibt und keiner verlorengeht. Mittlerweile werden geführte Gruppenwanderungen mit Hunden angeboten. Fremdenverkehrsbüros und das Internet geben hier gerne Auskunft.

Berge und Berner gehören zusammen.

Schwimmen

Es gibt Berner, die mit Begeisterung schwimmen und Stöckchen aus dem Wasser holen. Wenn Sie einen Badesee ausfindig machen, wo auch Hunde erlaubt sind, wird die Freude Ihres Berners keine Grenzen finden.

Zusammen mit seinem Menschen zu schwimmen, ist in der warmen Jahreszeit Abkühlung und Freizeitspaß zugleich. Achten Sie darauf, dass Ihr Hund sich nicht zu weit vom Ufer entfernt. Er muss die Strecke auch problemlos wieder zurückschwimmen können. Haben Sie es allerdings in der Prägephase Ihres Hundes verpasst, ihn mit dem nassen Element vertraut zu machen, kann es durchaus sein, dass er auch in Zukunft um jede Pfütze und jeden Teich einen weiten Bogen macht.

Für ihn ist Wasser ein Vergnügen.

Bei größeren Touren lässt Berenike fahren.

Laufen an Pferd und Rad

Ausdauersportler und Langstreckenläufer sind Berner Sennenhunde nicht. Beachten Sie die körperliche Konstitution Ihres Hundes! Einem schweren und massigen Typ sollten Sie diese Sportarten nicht zumuten. Jedoch kann ein wendiger, leichter Hund – vorsichtig antrainiert – Sie durchaus bei einer gemütlichen Radtour oder auch bei einem langsamen Ausritt im Schritt begleiten. Bei heißem und schwülem Wetter sollten Sie es ihm aber nicht zumuten.

Wieviel Bewegung?

Hier gibt es je nach Charakter und Eigenart Ihres Sennenhundes Unterschiede. Sie werden bald feststellen, wie bewegungsfreudig Ihr Berner ist. In den ersten drei Lebensjahren wird er Sie sicher mehr fordern; dann wird er eher ruhiger und gelassener. Seine Kondition ist dabei entscheidend. Aber immer sollte mit einem gesunden Berner eine Stunde täglich gelaufen werden.

Sehr beeinflusst wird die Bewegungsfreude von der Jahreszeit. Im Herbst und im Winter blühen Berner richtig auf. Dann ist Sennenhundwetter!

Beschäftigung

Ein ausgelasteter Berner zeigt ein ausgeglichenes und ruhiges Verhalten. Kann ein Berner am normalen Familienleben teilnehmen, zeigt er meist keine Untugenden. Er bellt nur bei Situationen, die es erfordern. Jedes Fehlverhalten, z.B. das Zerreißen von Gegenständen, unkontrolliertes Bellen, hektisches Verhal-

ten, deutet auf Unterforderung hin. Viele Verhaltensprobleme entstehen aus einer nicht rassegerechten Haltung und zu wenig Betätigung. Dies sind deutliche Zeichen für den Besitzer, sich mit seinem Berner Sennenhund auseinanderzusetzen.

Ein Berner muss jedoch auch einfach einmal „Hund sein" dürfen. In unserer freizeitorientierten Umwelt sind Hunde

auch schnell überfordert. Ständiger Aktivitätszwang kann sich auf das Verhalten der Hunde genau so negativ auswirken wie ständige Untätigkeit. Hier ist Einfühlungsvermögen und Fingerspitzengefühl der Besitzer gefragt. Jeder Hund stellt andere Anforderungen an seine Menschen.

Ein Berner, der vom Welpenalter an über Welpenspielgruppen zur Junghundeausbildung und eventuell durch weiterführende Ausbildung wie Fährtenarbeit, Rettungshundearbeit oder Therapiehundeausbildung beschäftigt und gefordert wurde, zeigt eine enge Bindung zu seinem Besitzer, hat eine deutlich ausgeprägte Intelligenz und fordert dadurch seine Menschen mehr.

Mit zunehmendem Alter des Berners müssen diese Aktivitäten dann wieder entsprechend reduziert werden. Die Spaziergänge werden kürzer, man geht aber öfter. Die Wege können mit kleinen Spielen, die Kopfarbeit verlangen, verbunden werden. Auch ein älterer Berner, der gefordert wurde, benötigt noch Aufgaben, um zufrieden und ausgeglichen zu sein.

Info | Fit für den Sport

> Ist Ihr Berner gesund?
> Sind ED und HD kein Thema für ihn?
> Ist nach dem Impfen und der letzten Wurmkur wenigstens eine Woche vergangen?
> Ist Ihr Hund bereits ein Jahr alt?
> Ist Ihr Hund nicht zu dick und nicht zu dünn?
> Ist er in bester körperlicher Verfassung?
> Hat er den Gesundheits-Check beim Tierarzt erfolgreich absolviert?

Alle Fragen mit ja beantwortet? Dann auf die Plätze, fertig und los!

Abwechslung schaffen

Eine Fahrt zum Einkaufen, beim Spaziergang unbekanntes Gelände erkunden und mal andere Wege gehen, macht den Alltag spannend. Oder zur Abwechslung die Chefs an lauen Sommerabenden in den Biergarten begleiten. Das ist Abwechslung im täglichen Geschehen und allemal besser, als alleine zu Hause zu sein.

Bei kühlerem Wetter genießen diese Drei eine kurze Radtour.

Mit dem Berner auf Reisen

Wie herrlich, wenn Sie die schönsten Wochen des Jahres zusammen mit Ihrem vierbeinigen Kameraden verbringen. Ein wohlerzogener Berner ist in vielen Hotels ein gerngesehener Gast. Ebenso gibt es in allen Erholungsgebieten Ferienwohnungen. Hier sind Hunde oft gern akzeptierte Begleiter. Melden Sie sich rechtzeitig mit Ihrem Berner an!

Südliche Länder sollten Sie in der heißen Jahreszeit jedoch meiden. Für die Fahrt ins Ausland muss Ihr Hund eine gültige Tollwutimpfung vorweisen können. Denken Sie rechtzeitig daran. Die Impfung muss mindestens vier Wochen vor der Abreise erfolgt sein und darf nicht länger als ein Jahr zurückliegen. Manche Länder fordern auch besondere gesundheitliche Vorkehrungen. Über die jeweils gültigen Bestimmungen klärt Sie das für Ihren Wohnort zuständige Veterinäramt, Ihr Tierarzt, der ADAC oder das Konsulat des Reiselandes auf. Die Reise im Sommer sollte in die frühen Morgenstunden oder in die Abendstunden verlegt werden. Dann schläft Ihr Berner meist

Berge, Seen und ein Berner – Urlaubsfreude pur

gemütlich auf seinem Platz im Auto, und die Reise bedeutet für alle weniger Stress. Das bereits erwähnte feuchte T-Shirt hilft dem Hund auch hier wieder, wenn die Fahrt doch bis in die wärmere Tageszeit andauern sollte.

Gehört Ihr Hund zu den Zeitgenossen, die lange Autofahrten schlecht vertragen? Dann fragen Sie Ihren Tierarzt nach einem Mittel gegen Reisekrankheiten. Planen Sie auch Pausen ein, damit Ihr Berner sich regelmäßig an der Leine etwas bewegen und lösen kann. So wird Ihr Vierbeiner die Reise gelassen überstehen.

Für die Urlaubszeit ist natürlich Fertigtrockenfutter die einfachste und sicherste Fütterungsart. Testen Sie schon Wochen vorher, ob Ihr Hund das Futter auch gut verträgt und akzeptiert. Nichts ist schlimmer als eine Magen-Darm-Verstimmung Ihres Lieblings im Urlaub. Vorsichtshalber sollten Sie sich vom Tierarzt ein Medikament gegen Durchfallerkrankungen mitgeben lassen. Eine große Thermoskanne mit frischem Wasser ist für die Reise praktisch. Vergewissern Sie sich im Vorfeld, dass Ihr Berner am Urlaubsort auch willkommen ist, dann steht der schönsten Zeit im Jahr nichts mehr im Wege. Erleben Sie, wie Ihr Hund diese intensive Zeit mit Ihnen und der ganzen Familie zusammen genießt! Endlich haben alle gemeinsam Zeit, um ausgiebig zu wandern, zu spielen oder auch zu schwimmen. Übertreiben sollte man in den ersten Tagen aber nichts. Auch Ihr Berner könnte bei zu langen Spaziergängen und Wanderungen Muskelkater bekommen – besonders, wenn er stundenlanges Bergsteigen und Wandern nicht gewohnt ist. Hin und wieder eine Pause tut Mensch und Hund gut.

Viel Spaß für alle können auch Ferien an der See machen. Hier wurde schon mancher Hund zur Wasserratte. Lassen Sie Ihren Hund – aus Rücksicht auf andere Feriengäste und ihn selbst – nicht alleine im Zimmer oder im Ferienhaus zurück. Etwas Zeit zum Eingewöhnen muss er schon haben. Sonst verderben vielleicht ein anhaltendes Hundekonzert oder angenagte Stuhlbeine gleich die erste Urlaubsfreude.

Sollte es einmal unumgänglich sein, dass Sie ohne Ihren Vierbeiner verreisen müssen, dann ist es immer eine der besten Möglichkeiten, dass ein lieber Hundefreund bei Ihnen zu Hause einzieht und Ihren Berner versorgt. So kann er in seiner gewohnten Umgebung bleiben. Auf seine Menschen verzichten zu müssen, ist so sicher eine Weile gut zu ertragen. Hundepension oder gar Tierheim sollte immer die letzte Möglichkeit sein und nur absoluten Notfällen vorbehalten bleiben.

Hinterlassen Sie in allen Fällen einen Futter- und Pflegeplan, gewohntes Futter, Ihre Urlaubsanschrift sowie die Adresse und die Telefonnummer Ihres Tierarztes.

Info | Reisegepäck

- Schlafdecke
- Wasser- und Futterschüssel, Wasserflasche
- gewohntes Futter, Kauknochen, Leckerli
- Kamm, Bürste, Pinzette, Zeckenzange
- kleine Reiseapotheke
- ggf. benötigte Medikamente
- Lieblingsspielzeug
- Leine und Halsband mit Adresskapsel mit Ferien- und Heimatadresse sowie beiden Telefonnummern
- Impfpass und gegebenenfalls Gesundheitszeugnisse
- eventuell ein Maulkorb

Der schönste Berner ist immer der eigene!

Ausstellungen

Rassehunde-Zuchtschauen sind ein Schaufenster der Rasse bzw. des sich präsentierenden Vereins. Sie werden unter der Obhut des Verbandes für das Deutsche Hundewesen (VDH) oder des Rassehundevereins durchgeführt.

Zuchtschauen sind öffentliche Veranstaltungen und dienen der Bewertung von Rassehunden. Sie sind somit eine wichtige zuchtfördernde Einrichtung. Um die Zuchttauglichkeit zu erreichen, sind sie unerlässlich. Die Schauen zeigen das Erscheinungsbild sowie den jeweiligen Stand der Rasse. Für Züchter sind sie von großer Bedeutung; für Rasseliebhaber dienen sie der Information und der Kontaktpflege. Veranstaltet werden internationale Zuchtschauen von den Landesverbänden des VDH, dem VDH selbst und den Rassehunde-Zuchtvereinen. Bewertet

werden die Hunde anhand ihres Rassestandards, der bei der FCI, der Weltorganisation aller Rassehunde-Zuchtvereine, hinterlegt ist. Den Rassestandard bestimmt immer das Mutterland der Rasse. Für unsere Berner ist das die Schweiz.

Bewertungen

Die Bewertungen sind durch die VDH-Zuchtrichterordnung bindend festgeschrieben und lauten folgendermaßen:

Die Formwertnote „Vorzüglich" darf nur einem Hund zuerkannt werden,

Info Formwertnoten

> Vorzüglich (V)
> Sehr gut (SG)
> Gut (G)
> Genügend (Ggd)
> disqualifiziert

der dem Idealstandard der Rasse sehr nahe kommt, in ausgezeichneter Verfassung vorgeführt wird, ein harmonisches, ausgeglichenes Wesen ausstrahlt, „Klasse" sowie eine hervorragende Haltung hat. Seine überlegenen Eigenschaften seiner Rasse gegenüber werden kleine Unvollkommenheiten vergessen machen, aber er wird die typischen Merkmale seines Geschlechts besitzen. „Sehr gut" wird nur einem Hund zuerkannt, der die typischen Merkmale seiner Rasse besitzt, von ausgeglichenen Proportionen und in guter Verfassung ist. Man wird ihm einige verzeihliche Fehler nachsehen, jedoch keine morphologischen. Dieses Prädikat kann nur einem Klassehund verliehen werden. „Gut" ist einem Hund zu erteilen, welcher die Hauptmerkmale seiner Rasse besitzt, aber Fehler aufweist, unter der Bedingung, dass diese nicht verborgen werden. „Genügend" erhält ein Hund, der seinem Rassetyp genügend entspricht, ohne dessen allgemein bekannten Eigenschaften zu besitzen bzw. dessen körperliche Verfassung zu wünschen übrig lässt. „Disqualifiziert" erhält ein Hund, der nicht dem durch den Standard vorgeschriebenen Typ entspricht, eindeutig nicht standardgemäßes Verhalten zeigt oder aggressiv ist, mit einem Hodenfehler behaftet ist, einen erheblichen Zahnfehler oder eine Kieferanomalie aufweist, einen Farb- und/oder Haarfehler hat oder eindeutig Zeichen von Albinismus erkennen lässt. Dieser Formwert ist ferner dem Hund zuzuerkennen, der einem einzelnen Rassemerkmal so wenig entspricht, dass die Gesundheit des Hundes beeinträchtigt ist. Mit diesem Formwert muss auch ein Hund bewertet werden, der nach dem für ihn geltenden Standard einen schweren bzw. disqualifizierenden Fehler hat.

Klasseneinteilung

Eingeteilt werden die Hunde nach ihrer jeweiligen Altersklasse, getrennt nach Rüden und Hündinnen. Folgende Klassen gibt es:

Jüngstenklasse: von 6 bis 9 Monaten. Dabei werden die Formwertnoten vielversprechend, versprechend und nicht versprechend vergeben.

Jugendklasse von 9 bis 18 Monaten, mit den Bewertungen „Sehr gut" (SG) bis „Genügend" (Ggd). Ein „Vorzüglich" wird hier noch nicht vergeben.

Zwischenklasse ab 15 bis 24 Monaten. Mit den Bewertungen „Vorzüglich" (V) bis „Genügend" (Ggd).

Offene Klasse ab 15 Monaten, mit den Bewertungen „Vorzüglich" (V) bis „Genügend" (Ggd). Championklasse für alle Hunde, die bereits einen nationalen oder internationalen Titel erreichen konnten.

Ehrenklasse hier können internationale Champions gemeldet werden.

Altersklasse für alle Berner ab dem vollendeten achten Lebensjahr.

Bei Ehrenklasse und Altersklasse werden keine Formwertnoten mehr vergeben. Die Hunde werden jedoch plaziert.

Info | Klasseneinteilung

Alter	Klasse	Bewertung
6 - 9 Monate	Jüngstenklasse	Vielversprechend, Versprechend, Nicht versprechend
9 – 18 Monate	Jugendklasse	SG, G, Ggd
Ab 15 Monate	Offene Klasse	V, SG, G, Ggd
15 – 24 Monate	Zwischenklasse	V, SG, G, Ggd
Mit Siegertitel	Championklasse	V, SG, G, Ggd, disq.
Internationale Champions	Ehrenklasse	
Ab 8 Jahren	Altersklasse	

Eine vorbildliche
Präsentation

Der VDH vergibt auf seinen Schauen die begehrten CACIB's der FCI (Certificat d'Aptitude au Championat International de Beauté, Anwartschaft auf den internationalen Titel eines Schönheits-Champions); Rassehundezuchtvereine vergeben das CAC (Certificat d'Aptitude au Championat: Anwartschaft auf einen nationalen Siegertitel, z.B. Deutscher Champion). Haben Sie einen Pracht-Berner zu Hause, der vielleicht sogar den Titel eines Internationalen Schönheits-Champions erreichen konnte, ist die Freude groß. Aber auch der mit „Gut" bewertete Hund sollte für Sie der Beste und Schönste sein.

Ausstellungen machen Spaß, und sportliches Miteinander bringt Freude für Mensch und Hund. Falscher Ehrgeiz ist hier jedoch fehl am Platze. Ihr Berner ist und bleibt die Nummer 1 für Sie!

Formalitäten

Zuchtschauen werden vom VDH bzw. den Rassehunde-Zuchtvereinen ausgeschrieben. Hier sind auch die entsprechenden Meldepapiere zu erhalten. Sie müssen bei der Zuchtschauleitung oder

Info | Ausstellungs-Check

Vorbereitungen
> Meldepapiere beim Rassehunde-Zuchtverein oder beim VDH anfordern
> rechtzeitig und mit allen Angaben anmelden und Meldegebühr an die Meldestelle entrichten
> vorher üben: Zähne zeigen und Hoden kontrollieren lassen
> am Tag vor der Ausstellung den Hund gründlich bürsten, evtl. baden
> Gebiss reinigen

Am Tag der Ausstellung
> den Hund ausreichend ausführen, damit er sich noch einmal lösen kann
> Klappstuhl, Hundedecke, Halsband und Leine, Bürste, Wassernapf und -flasche einpacken
> rechtzeitig am Ausstellungsgelände eintreffen
> Meldepapiere, Ahnentafel und Impfpass griffbereit halten
> den Ring aufsuchen
> gelassen bleiben, um so unkomplizierter ist der Hund
> Zeit, um das Ausstellungsende gelassen abzuwarten

den Sonderleitern zum angegebenen Termin eingegangen sein, ebenso die Meldegebühr. Ein gültiger Impfpass sowie die Ahnentafel werden am Ausstellungstag benötigt.

Vorbereitungen und Ablauf

Rechtzeitig vor der Ausstellung haben Sie Ihren Berner gründlich gebürstet oder gar gebadet. Der erste Eindruck eines gepflegten Berners kann schon viel bewirken. Am Ring ist dann jedes Handling außer Bürsten verboten. Ihr Hund muss problemlos die Zähne zeigen. Beim Rüden werden auch die Hoden kontrolliert. Dies und das Traben im Ring an lockerer Leine sollte vorher schon etwas trainiert worden sein. Am besten lernt man den Ablauf und die „Kunst des Vorführens" beim Beobachten am Ring. Selbst bei der Vorführung anderer Rassen kann man einiges abgucken, und man sollte da mal Zuschauer gewesen sein.

Unsere Hunde sind im Wesen ruhig und gelassen. Das sollten sie auch im Ring zeigen. Lässt der Berner dann auch noch seine gute Bindung zu seinem Menschen erkennen, dann kann schon fast nichts mehr schief gehen.

Sollte Ihr Hund nicht den Anforderungen einer Ausstellung entsprechen oder keine Freude an Ausstellungen haben und sich daher nicht den strengen Regeln einer Ausstellung unterordnen können, dann ist und bleibt es Ihr Berner und nach wie vor der beste und schönste. Und ein Berner, für den Sie und seine Menschen der Mittelpunkt seiner Welt sind.

„Die Schönste bin ich!"

Lexikon

Abhaaren nennt man den halbjährlichen Fellwechsel.

Afterkralle Die fünfte Zehe des Hinterlaufs. Sie darf laut Tierschutzgesetz ggf. nur vom Tierarzt entfernt werden.

Ahnentafel Abstammungsnachweis für den Rassehund. Darf nur von der Zuchtbuchstelle ausgefertigt werden und enthält alle wichtigen Daten des Hundes und den Generationennachweis.

Agility Hundesportart, die Geschicklichkeit und Schnelligkeit erfordert.

Alphatier der Ranghöchste eines Rudels.

Analdrüse Eine mit stark riechendem Sekret gefüllte Drüse, links und rechts neben dem Darmausgang. Entleert sich normalerweise mit dem Kotabsetzen von selbst.

Apportieren das Bringen von Gegenständen auf Befehl.

Appenzeller Eine der vier Schweizer Sennenhundrassen. Sein Erkennungsmerkmal ist unter anderem das »Posthörnchen«, die aufgedrehte Rute.

Ausbildung z.B. die Begleithundausbildung (BH) ist die Grundlage aller weiteren Ausbildungsmöglichkeiten.

Ausstellungen werden auch Zuchtschauen genannt. Sie verschaffen einen Überblick über die einzelnen Rassen.

BH-Prüfung siehe unter Ausbildung.

Behang die Ohren des Hundes.

Belecken zeigt die enge Verbindung verschiedener Tiere eines Rudels.

Belegen Decken einer Hündin durch den Rüden.

BIS Best in Show bei Ausstellungen.

BOB Best of Breed oder Bester der Rasse bei Ausstellungen.

Brand die braunrote Zeichnung beim Berner.

CAC Certificat d'Aptitude au Championat, Anwartschaft auf den nationalen Siegertitel.

CACIC Certificat d'Aptitude au Championat Internationale de Beauté. Anwartschaft auf den internationalen Siegertitel.

Deckschein wird nach dem erfolgten Deckakt vom Deckrüdenbesitzer ausgestellt.

Decken das Belegen der Hündin durch den Rüden.

Deckrüde männliches Zuchttier.

Dominanz Rangordnung bei Hunden. Wird von manchen Tieren auch gegenüber den Menschen gezeigt.

Dürrbächler früherer Name des Berner Sennenhundes.

Dysplasie Fehlentwicklung sowohl des Hüft-, als auch des Ellbogengelenks.

Duftmarke durch Urinabsetzen kennzeichnen Rüden ihr Revier.

ED Ellbogendysplasie.

Das Gangwerk – hier ein Berner im Galopp

Entlebucher Sennenhund die kleinste der vier Schweizer Sennenhundrassen.

Ektropium zu loser Lidschluss des Auges.

Entropium zu enger Lidschluss des Auges, das Lid rollt sich nach innen.

Exterieur äußeres Erscheinungsbild des Hundes.

Fang Schnauze des Hundes.

FCI Fédération Cynologique Internationale, Weltorganisation der Rassehunde-Dachverbände.

FH Fährtenhund-Ausbildung.

Formwert die Bewertung eines Hundes bei Ausstellungen.

Führigkeit ist die Bereitschaft des Hundes, sich seinem Führer unterzuordnen bzw. sich leiten zu lassen.

Front Vorderansicht des Hundes.

Fährtenhund besonders für das Fährten ausgebildeter Hund mit abgelegter Prüfung.

Gangwerk Bewegungsablauf des Hundes, koordiniertes Zusammenspiel von Vorhand und Hinterhand.

Gangarten Schritt, Pass, Trab, Galopp.

Gebäude Körperbau des Hundes.

Gebrauchshunde Berner Sennenhunde werden, gemäß der Klassifizierung der FCI, nicht zu den Gebrauchshunderassen gezählt.

Geschirr wird zur Zughundearbeit benötigt und muss für den Hund angepasst werden.

Genotyp ist die nicht nach außen sichtbare, genetisch festgelegte Veranlagung.

Gebiss Vorbiss bzw. Rückbiss sind fehlerhaft.

gkf Gesellschaft zur Förderung kynologischer Forschung e.V.; sie hat es sich zur Aufgabe gemacht, im Interesse aller Hunde auf höchstem Niveau Forschung zur Gesunderhaltung zu betreiben und finanziert sich aus den Mitgliedsbeiträgen von Einzelpersonen und Vereinen.

Großer Schweizer Sennenhund die größte der vier Schweizer Sennenhundrassen. Vom Berner unterscheidet ihn unter anderem das Kurzhaar.

Handscheue Diese Angst zeigt ein Hund aufgrund falscher oder zu harter Behandlung seines Besitzers. Stets ein schlechtes Zeichen für den Besitzer.

HD Hüftgelenksdysplasie, siehe auch Dysplasie.

Hepatitis infektiöse Leberentzündung.

Hitze Läufigkeit der Hündin mit den unterschiedlichen Fruchtbarkeitsphasen.

Hinterhand Hüfte und Hinterbeine des Hundes.

Hose lange Behaarung an den Hinterbeinen.

Inzucht Paarung blutsverwandter Tiere; bedarf im Schweizer Sennenhund-Verein der Genehmigung durch die Zuchtleitung.

Katzenpfote geschlossene Pfote mit kurzen gewölbten Zehen (erwünscht).

Karpfenrücken nach oben gewölbter Rücken; wird als Fehler gewertet.

KBS Klub für Berner Sennenhunde in der Schweiz.

Konstitution allgemeine körperliche Verfassung.

Kondition antrainierte Körperverfassung.

Kolostralmilch erste, für das Überleben der Welpen wichtige Milch der Hündin, enthält Antikörper.

Körung Zuchttauglichkeitsprüfung, wichtige Voraussetzung für die Zuchtzulassung.

Kruppe vom Lendenwirbel bis zum Rutenansatz.

Kuhhessig Fehlstellung der Hinterhand.

Kynologie Wissenschaft vom Hund.

Läufigkeit fruchtbare Zeit im Zyklus der Hündin, Hitze.

Laut geben das Bellen auf Befehl.

Lefzen die Lippen des Hundes.

ÖKV Österreichischer Kynologenverband; Dachverband der österreichischen Rassehundezuchtvereine.

Pedigree Abstammung.

Phänotyp das äußere Erscheinungsbild.

Pigmentierung dunkle Färbung von Lefze und Nase.

Rute Schwanz des Hundes.

Der Phänotyp ist das äußere Erscheinungsbild eines Hundes.

Rüde männlicher Hund.

Senkrücken weicher Rücken, der deutlich eine Vertiefung zeigt; Fehler.

SKG Schweizerische Kynologische Gesellschaft; Dachverband der schweizer Rassehundezuchtvereine.

Standard Rassekennzeichen, erstellt immer das Mutterland der Rasse. Für Schweizer Sennenhunde ist dies die Schweiz.

Stop Stirnabsatz.

Tragzeit Trächtigkeit der Hündin, im Normalfall 63 Tage.

Turnierhundsport Wettbewerb für Hund und Mensch als Team. Nur für sportliche Berner.

VDH Verband für das Deutsche Hundewesen e. V.; Dachverband der deutschen Rassehundezuchtvereine.

Vorhand Schulter bis Ellbogen und Vorderfuß.

VSSÖ Verein für Schweizer Sennenhunde, Österreich.

Welpe junger Hund bis zum Alter von zwei Monaten.

Welpenschutz Jungtiere genießen eine höhere Toleranz im Rudelverband.

Werfen das Gebären der Hündin.

Widerrist höchster Punkt der Rückenlinie.

Widerristhöhe wird in senkrechter Linie vom Boden zur Schulterblatthöhe gemessen.

Wurf die bei einer Geburt geborenen Welpen.

Zitze Milchdrüse der Hündin (meist zwei Reihen mit je fünf Zitzen).

Zuchtbuch vom Rassehundeverein geführtes, amtliches Register aller rein gezüchteten Hunde.

Ein Wurf Berner-Welpen

Nützliche Adressen

Deutschland

Schweizer Sennenhund-Verein für
Deutschland e.V. (SSV)
www.SSV-ev.de

Deutscher Club für Berner Sennenhunde
e.V. (DCBS)
www.dcbs.de

Verband für das Deutsche Hundewesen e.V.
(VDH)
www.vdh.de

Deutscher Hundesportverband e.V. (dhv)
www.dhv-hundesport.de

TASSO e.V.
Haustierzentralregister
www.tiernotruf.org

Österreich

Verein für Schweizer Sennenhunde in
Österreich (ÖSSV)
www.sennenhunde.org

Österreichischer Kynologenverband (ÖKV)
www.oekv.at

Schweiz

Schweizerischer Klub für Berner Sennenhunde (KBS)
www.bshkbs.ch

Schweizerische Kynologische Gesellschaft
(SKG)
www.hundeweb.org

International

Fédération Cynologique Internationale FCI
www.fci.be

Dank

Für die freundliche Unterstützung bei
der Erstellung des Manuskriptes bedan-
ken wir uns herzlich bei Frau Elke
Schmid, langjährige Berner Sennen-
hund-Züchterin, die uns mit dem Erfah-
rungsreichtum aus ihrer Berner-Zucht
„vom Stöckle" mit wertvollen Ratschlägen unterstützt hat. Als ausgebildete
Therapiehundeführerin ist Sie auch für
den Abschnitt „Therapiehund" im Ber-
ner-Buch verantwortlich.

Dieses Buch wurde geschrieben für
unsere Berner Sennenhunde Lexa,
Noah, Ritli, Amely und Aladin, die unser
Leben bereicherten, und für Bavaria-
Molly von den Schweizer Franken, Tana
vom Fichta und Archimedes vom Muss-
könig die mit uns in der Familie leben
und uns täglich zeigen, was es heißt,
Vertrauen zu haben, Liebe zu schenken
und Freude zu bringen – und in Erinne-
rung an Edy, einen liebenswerten Vertreter seiner Rasse.

Zum Weiterlesen

Speziell für Sennenhunde

Fechler, Christel: **Entlebucher Sennenhund.** Stuttgart 2001.

Räber, Hans: **Schweizer Sennenhunde.**
Stutttgart 1995.

Haltung und Pflege

Aldington, Eric: **Mach mehr aus Deinem
Hund.** Weiden 1998.

Bucksch, Martin: **Ernährungsratgeber
für Hunde.** Stuttgart 2008.

Glanz, Christiane: **Der Rüde.**
Stuttgart 2008.

Kusch, Carola: **Die Hündin.** Stuttgart 2004.

Rauth-Widmann, Brigitte: **1 x 1 der Roh-
fütterung.** Stuttgart 2009.

Poetting, Beate und Sabine Winkler:
Endlich Zeit für einen Hund.
Stuttgart 2009.

Winkler, Sabine: **Kosmos Handbuch Hund.**
Stuttgart 2008.

Spangenberg, Dr. Rolf: **Der ältere Hund.**
Stuttgart 2006.

Theby, Viviane: **Das Kosmos-Welpenbuch.**
Mit Geräusch-CD. Stuttgart 2004.

Erziehung leicht gemacht

Aldington: **Was tu ich nur mit
diesem Hund?** Weiden 1994.

Blenski, Christiane: **Das lernt mein Hund.**
Stuttgart 2008.

Führmann, Petra, Nicole Hoefs und Iris
Franzke: **Die Kosmos Welpenschule.**
Stuttgart 2008.

Hoefs, Nicole und Petra Führmann: **Das
Kosmos-Erziehungsprogramm für
Hunde.** Stuttgart 2006.

Fichtlmeier, Anton: **Grunderziehung
für Welpen.** Stuttgart 2005.

Fichtlmeier, Anton: **Der Hund an der Leine.**
Stuttgart 2007.

Krauß, Katja: **Hunde erziehen mit dem
Clicker.** Stuttgart 2006.

Pryor, Karen: **Positiv bestärken, sanft
erziehen.** Stuttgart 2006.

Rütter, Martin: **Hundetraining mit Martin
Rütter.** Stuttgart 2006.

Schöning, Barbara: **Hilfe, Mein Hund jagt.**
Stuttgart 2007.

Toll, Claudia: **Kommt nicht, gibt's nicht.**
Stuttgart 2009.

Winkler, Sabine: **Welpenkindergarten.**
Stuttgart 2008.

Hunde sinnvoll beschäftigen
Blenski, Christiane: **Schnüffelspiele für
Hunde.** Stuttgart 2009.

Büttner-Vogt, Inge: **Spiel & Spaß mit Hund.**
Stuttgart 2008.

Doepp, Simone und Gabriele Metz:
Trick Dogs. Stuttgart 2009.

Lübbe, Perdita und Ulrike Thurau:
Das Kosmos Buch vom Apportieren.
Stuttgart 2007.

Otterstedt, Carola: **Tiere als therapeutische Begleiter.** Stuttgart 2001.

Schneider, Dorothee: **Fährtentraining
für Hunde.** Stuttgart 2005.

Hunde verstehen
Abrantes, Roger: **Hundeverhalten von A-Z.**
Stuttgart 2005.

Donaldson, Jean: **Hunde sind anders ...
Menschen auch.** Stuttgart 2009.

Feddersen-Petersen, Dr. Dorit: **Ausdrucks-
verhalten beim Hund.** Stuttgart 2008.

Jones, Renate: **Aggression bei Hunden.**
Stuttgart 2009.

Rütter, Martin: **Angst bei Hunden.**
Stuttgart 2008.

Rütter, Martin: **Sprachkurs Hund.**
Stuttgart 2009.

Schöning, Dr. Barbara: **Hundeverhalten.**
Stuttgart 2008.

Gesund durchs Hundeleben
Bergmann-Scholvien, Claudia: **Schüßler-
Salze für meinen Hund.** Stuttgart 2009.

Biber, Dr. Vera: **Allergien beim Hund.**
Stuttgart 2006.

Lausberg, Frank: **Erste Hilfe für den Hund.**
Stuttgart 2009.

Narath, Elke: **Massage für Hunde.**
Stuttgart 2004.

Niepel, Gabriele: **Kastration beim Hund.**
Stuttgart 2007.

Rakow, Dr. Barbara: **Homöopathie für
Hunde.** Stuttgart 2009.

Rustige, Dr. Barbara: **Hundekrankheiten.**
Stuttgart 1999.

Stein, Petra: **Bach-Blüten für Hunde.**
Stuttgart 2009.

Hunde erfolgreich züchten
Eichelberg, Dr. Helga (Hrsg.): **Hundezucht.**
Stuttgart 2006.

Register

Bildnachweis und Impressum

Bildnachweis
103 Farbfotos wurden von Sabine Stuewer/Kosmos für dieses Buch aufgenommen. Weitere Farbfotos von Familie Bürner (8: Außenklappe hinten, Seite 13 oben, 30 links, 30 rechts, 38 oben, 46, 75 (3. von oben), 121), Familie Diebold (2: Seite 43 links, 108), Veronika Essler (13: Innenklappe Mitte oben, Seite 6 oben, 8, 20, 34, 36, 38 unten, 51, 74, 88, 92, 107 unten, 119), Juniors Bildarchiv (4: Seite 7, 12, 107 oben, 110), Christof Salata/Kosmos (17: Innenklappe unten links, Seite 2 (3. von oben), 11, 13 unten, 44, 54, 68, 70 beide, 71, 85 unten, 89 beide, 104, 109, 112, 114), Elke Schmid (Seite 102), Anita Schneider (Seite 106), Sabine Stuewer (16: Außenklappe vorn, Innenklappe oben rechts, 16, 32, 33, 35, 43 rechts, 62, 63, 69, 75 (die beiden oberen), 97, 103, 120, 123).

Mit einer Illustration von Christiane Glanz (S. 61) und 2 historischen Fotos aus Hans Räber, Enzyklpädie der Rassehunde, Band 1, Kosmos-Verlag 2001 (Seite 9, 10).

Impressum
Umschlaggestaltung von eStudio Calamar unter Verwendung von vier Farbfotos von Sabine Stuewer.

Mit 165 Farbfotos, 1 Schwarzweißfoto und 1 Farbillustration.

> Alle Angaben in diesem Buch erfolgen nach bestem Wissen und Gewissen. Sorgfalt bei der Umsetzung ist indes dennoch geboten. Autorinnen und Verlag übernehmen keinerlei Haftung für Personen-, Sach- oder Vermögensschäden, die aus der Anwendung der vorgestellten Materialien und Methoden entstehen könnten.

Unser gesamtes lieferbares Programm und viele weitere Informationen zu unseren Büchern, Spielen, Experimentierkästen, DVDs, Autoren und Aktivitäten finden Sie unter **kosmos.de**

Gedruckt auf chlorfrei gebleichtem Papier

© 2010, Franckh-Kosmos Verlags-GmbH & Co. KG, Stuttgart
Alle Rechte vorbehalten
ISBN 978-3-440-11624-1
Projektleitung: Hilke Heinemann
Redaktion: Angela Beck
Gestaltungskonzept: eStudio Calamar
Gestaltung und Satz: akuSatz, Stuttgart
Produktion: Eva Schmidt
Printed in Germany/Imprimé en Allemagne

Der KOSMOS-Verlag ist Mitglied in der Gesellschaft zur Förderung Kynologischer Forschung e.V. www.gkf-bonn.de

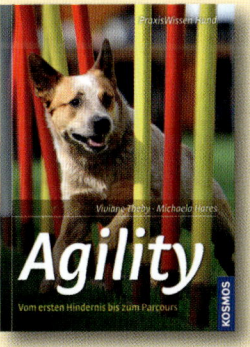

Rassestandard Berner Sennenhund

FCI-Standard Nr. 45 / 5.5.2003 / D
Ursprung: **Schweiz**
Verwendung: **Ursprünglich Wach-,
Treib- und Zughund, heute auch
Familien- und vielseitiger Arbeitshund**
Klassifikation FCI: **Gruppe 2, Pinscher,
Schnauzer, Molossoide, Schweizer
Sennenhunde und andere Rassen**
Sektion 3: **Schweizer Sennenhunde
(ohne Arbeitsprüfung)**